公的機関・建設関連必携

アスベスト(石綿)裁判と損害賠償の判例集成

弁護士　外井浩志

はしがき

　石綿（アスベスト）問題、石綿（アスベスト）対策は、いまや建設業界では避けて通れない重大な課題となっていますが、石綿（アスベスト）はそう遠くない以前は安価で便利な物質、材料として、社会のあちらこちらに使われてきました。また、石綿肺がじん肺の一種として昭和30年頃からその有害性が疑われ、指摘されていながらも、その後40年以上も使用されてきたことになります。なぜ、このような事態になっているのか、私たちは、国の規制の緩やかさを非難する前に、自分自身で真剣に考えなければならないと感じます。

　国民は情報が与えられてこなかったのだから、自分たちを責めても仕方がない、悪いのは情報を与えなかった国だというのは簡単なことですが、果たしてそのようなことでよいのかということです。

　話は飛躍しますが、日本の年金問題につき、本当に将来は大丈夫かと疑っていない人はいないでしょう。しかし、おそらく真の情報を国は開示していないと思いますが、その事に対して、国民は大きな声をあげていませんし、選挙になれば、結局、現在の政権を支えている政党が圧勝するのです。国民が無関心であるが故に、具体的な情報は明らかにされないままです。石綿（アスベスト）問題も状況は似ています。せめて、学校等公共の施設での吹付け石綿が社会的問題として取り上げられた昭和62年頃、国民がもっと石綿（アスベスト）に関心を持ち、国に情報開示を迫っていれば、遙かに規制は早くなり、これほどまでに重大な事態にはならなかった可能性もあります。

　ことは、国民の健康問題に重大な関わりがある社会問題であり、私たち国民は、もう少し石綿（アスベスト）問題に関心を持ち、情報の開示を求め、積極的に意見をいうべきであると考えます。

　本書は、政治的な観点からでなく、現在、国民の健康問題の重要課題の一つとなっている石綿（アスベスト）問題につき、法的側面から法制度の仕組みと裁判例を紹介することにしました。訴訟においても、石綿（アスベスト）問題がこれほどまでに重大な事項として取り上げられていることを、国民は知らなければならないと思います。そして、国民の皆さんが石綿（アスベスト）問題に関心を持ち、全くの受け身ではなく積極的に関わっていくべきと考えます。

　本書を書き上げるにあたっては、とりい書房の大西強司代表の力強い励ましが大いに推進力となりました。最後に御礼申し上げます。

令和元年5月
弁護士　外井浩志

目　次

はしがき……………………………………………………………………… 3
目　次 ………………………………………………………………………… 4

第1編　石綿（アスベスト）基礎編 ………………………… 13

はじめに ………………………………………………………………… 14

第1章　石綿（アスベスト）総論 …………………………………… 15
 1　最近アスベストが注目された理由 ………………………………… 15
 2　アスベスト関連法案の成立 ………………………………………… 16
 3　石綿の種類 …………………………………………………………… 17
 4　石綿の特性 …………………………………………………………… 17
 5　石綿の用途 …………………………………………………………… 18
 6　我が国における石綿輸入量 ………………………………………… 19
 7　石綿製品の種類 ……………………………………………………… 19
 8　石綿含有建材 ………………………………………………………… 21

第2章　石綿関連疾患とは ………………………………………… 23
 1　石綿（アスベスト）関連疾患の種類 ……………………………… 23
 2　その他、石綿関連疾患とはいえないが、アスベスト曝露によって起こる
  医学的所見として、（1）胸膜プラーク、（2）石綿小体がある ………… 24

第3章　労災保険の認定 …………………………………………… 26
 1　石綿曝露作業 ………………………………………………………… 26
 2　認定基準該当性 ……………………………………………………… 26

第4章　石綿健康被害救済法 ……………………………………… 32
 1　制定趣旨 ……………………………………………………………… 32
 2　法律の内容 …………………………………………………………… 32

もくじ

第5章 医学的知見 ……………………………………………… 35

1 石綿じん肺について ………………………………………… 35
2 肺がん、中皮腫 ……………………………………………… 36

第6章 行政上の規制 ……………………………………………… 37

1 工場危害予防及衛生規則（昭和4年） ……………………… 37
2 旧労働基準法 ………………………………………………… 37
3 旧じん肺法（昭和35年） …………………………………… 39
4 旧特化則（昭和46年5月1日施行） ……………………… 39
5 安衛法、安衛令、安衛則、特化則（昭和47年10月1日施行） …… 41
6 昭和50年改正安衛令、改正安衛則、改正特化則 ………… 44
7 昭和51年5月22日通達の発出 …………………………… 45
8 昭和61年9月6日付通達 …………………………………… 46
9 昭和63年3月30日通達 …………………………………… 46
10 平成4年通達 ………………………………………………… 48
11 平成7年安衛令、安衛則、特化則の改正 ………………… 49
12 平成15年安衛令の改正 …………………………………… 49
13 石綿則の制定 ………………………………………………… 50
14 安衛令の改正 ………………………………………………… 50
15 建築関係法令関係 …………………………………………… 50

第7章 防じんマスク、局所排気装置、石綿粉じんの濃度基準、警告表示に関する規制 …………………………………………… 53

1 防じんマスクに関する規制 ………………………………… 53
2 局所排気装置に関する規制の経過 ………………………… 54
3 石綿の濃度基準に関する規制の経過 ……………………… 55
4 警告表示義務に関する規制の経過 ………………………… 57

5

第8章　石綿障害予防規則の内容 ………………………… 58
　1　事前調査と作業計画の立案 ………………………………… 58
　2　作業の届出、除去作業の場合の隔離、立入り禁止 ……… 58
　3　その他の措置・義務 ………………………………………… 59

第9章　石綿（アスベスト）対策の国際的比較 ……………… 66

第2編　石綿（アスベスト）関係訴訟 ……………… 69

はじめに－石綿（アスベスト）関係の訴訟の実情 ………… 70

第1章　労災事件判決 …………………………………………… 70
　相模原労基署長事件 ……………………………………………… 70
　木更津労基署長（新日鐵君津製鉄所）事件 ………………… 72
　神戸東労基署長（全日本検数協会） ………………………… 74
　足立労基署長（工務店）事件 ………………………………… 76
　大田労基署長（日航インターナショナル羽田）事件 ……… 78
　神戸東労基署長（造船会社）事件 …………………………… 80
　富士労働基準監督署長事件 …………………………………… 82
　「石綿と肺がんとの因果関係について」（通達等） ………… 84
　　1　昭和53年認定基準 …………………………………… 84
　　2　平成15年9月19日付通達 …………………………… 85
　　3　平成18年報告書、平成18年認定基準 …………… 86
　　4　平成19年認定基準 …………………………………… 87
　　5　平成24年報告書、平成24年認定基準 …………… 88
　　6　ヘルシンキ基準 ………………………………………… 90
　　7　アフターヘルシンキ …………………………………… 92

第2章　損害賠償請求事件判決 ………………………………… 93
　平和石綿・朝日石綿事件 ………………………………………… 93

もくじ

米軍横須賀基地じん肺事件 …………………………………………… 97
関西保温工業・井上冷熱事件 ………………………………………… 99
家族アスベスト被曝事件 ……………………………………………… 102
札幌国際観光ホテル …………………………………………………… 104
米軍横須賀基地事件 …………………………………………………… 106
中部電力等事件 ………………………………………………………… 108
三井倉庫事件 …………………………………………………………… 110
渡辺工業事件 …………………………………………………………… 112
本田技研工業事件 ……………………………………………………… 114
リゾートソリューション事件 ………………………………………… 118
 1 被告Y社の石綿の有害性の知見 ……………………………… 118
 2 安全配慮義務の消滅時効 ……………………………………… 119
 3 X1、X2らの間接損害に対する不法行為責任と予見可能性について ………………………………………………………………… 120
日本通運・ニチアス事件 ……………………………………………… 122
サノヤス・ヒシノ明昌事件 …………………………………………… 125
中部電力（浜岡原発）事件 …………………………………………… 128
（神戸アスベスト訴訟第1陣）尼崎石綿工場周辺住民国家賠償事件 …… 130
 1 亡A、亡Bの石綿曝露との因果関係 ………………………… 130
 2 被告Y社の責任 ………………………………………………… 131
 3 被告国の責任 …………………………………………………… 131
リゾートソリューション事件 ………………………………………… 134
山口工業事件 …………………………………………………………… 136
山陽断熱外事件 ………………………………………………………… 139
住友重機械工業アスベストじん肺事件 ……………………………… 143
ニチアス文書提出命令申立事件 ……………………………………… 146
中央電設事件 …………………………………………………………… 149
近畿日本鉄道事件 ……………………………………………………… 152
三菱重工業下関造船所事件 …………………………………………… 155

X塗装工業事件 …………………………………………… 158
　　ニチアス羽島工場事件 …………………………………… 160
　　ニチアス王寺工場事件 …………………………………… 162
　　三菱重工業等事件 ………………………………………… 166
　　国に対する求償権事件 …………………………………… 169
　　住友ゴム工業事件 ………………………………………… 171

第3章　泉南アスベスト国家賠償事件 ……………… 174

　第一陣訴訟の一審判決 ……………………………………… 174
　第一陣控訴審判決 …………………………………………… 178
　第二陣訴訟 …………………………………………………… 183
　第一審判決 …………………………………………………… 183
　第二陣控訴審判決 …………………………………………… 186
　　1　局所排気装置について ……………………………… 186
　　2　石綿の抑制濃度の規制値の設定について ………… 186
　　3　呼吸用保護具の使用の義務付け等について ……… 187
　　4　慰謝料基準額 ………………………………………… 187
　上告審 ………………………………………………………… 190
　　1　旧労基法、安衛法の規制の目的 …………………… 191
　　2　石綿被害と対策 ……………………………………… 191
　　3　規制権限の不行使の違法 …………………………… 194

第4章　全国建設アスベスト事件 ………………………… 196

　はじめに ……………………………………………………… 196
　建設アスベスト事件判決の特徴（総論）………………… 196

東京建設アスベスト第一陣第1審判決 ……………………… 200

　第1　被告国の責任 ………………………………………… 200
　　1　石綿粉じん曝露防止についての被告国による規制の必要性 ……… 200
　　2　石綿粉じん曝露防止措置の規制の内容 …………… 201
　　3　規制権限の行使の態様と時期 ……………………… 201

第2	被告企業の責任	202
1	被告Ｙ１社らの注意義務違反	202
2	民法719条1項前段の共同不法行為の成否	203
3	民法719条1項後段に基づく責任	203

東京建設アスベスト第一陣控訴審事件 …… 206

第1	被告国の責任	206
1	安全衛生法令に基づく規制権限の不行使の違法性	206
2	製造禁止措置	207
3	一人親方の保護	207
第2	被告企業の責任（民法719条1項）	208
1	民法719条1項前段	208
2	民法719条1項後段	208
3	民法719条1項後段の類推適用	208
4	製造物責任法3条	209
第3	賠償額（慰謝料額）	209
1	慰謝料額	209
2	被告国の責任の範囲	209

神奈川建設アスベスト第一陣1審事件 …… 211

第1	被告国の責任	211
1	被告国の規制権限の不行使	211
第2	被告企業の責任	214
1	民法719条1項前段の責任	214
2	民法719条1項後段の共同不法行為について	214

神奈川建設アスベスト第一陣控訴審判決 …… 217

第1	被告国の責任	217
1	昭和55年末における建設現場のリスクについての被告国の認識	217
2	防じんマスクについての規制の強化の必要性	218
3	被告国の違反の期間	218
4	石綿の使用禁止について	219

第2	被告企業の責任	219
1	警告義務違反	219
2	共同不法行為・民法719条1項前段の責任	220
3	共同不法行為・民法719条1項後段の責任	220
4	民法719条1項後段の類推適用	220

神奈川建設アスベスト第二陣第1審事件 223

第1	被告国の責任	223
1	医学的な知見時期	223
2	石綿含有建材の製造等の禁止について	224
3	防じんマスク着用についての規制	224
第2	被告企業の責任	225
1	警告義務違反	225
2	民法719条1項の共同不法行為	225
3	民法719条1項後段の類推適用	226

大阪建設アスベスト第一陣第1審事件 229

第1	被告国の責任	229
1	防じんマスクの使用の規制	229
2	石綿の有害性の警告の表示に関する規制	230
3	石綿の製造等の禁止に関する規制	230
4	労働者性―一人親方に対する責任について	231
第2	被告企業の責任	231
1	民法719条1項前段の共同不法行為の成否について	231
2	民法719条1項後段に基づく共同不法行為の成否について	232

大阪建設アスベスト第一陣控訴審事件 235

第1	被告国の責任	235
1	医学的知見の時期	235
2	被告国の労働関係法令（旧労基法、安衛法）に基づく規制権限不行使の違法性の有無	236

3	「管理使用」を前提とする被告国の規制権限不行使の違法性の有無 …	236
4	石綿含有建材の製造等の禁止に係る被告国の規制権限不行使の違法性の有無 ……………………………………………………………	236
5	一人親方の保護 …………………………………………………………	237
6	建築基準法に基づく規制権限不行使の違法性の有無 ………………	238
7	被告国の責任の範囲 ……………………………………………………	239
8	賠償額の修正要素 ………………………………………………………	239

第2 被告企業らの責任 ……………………………………………………… 239
  1 被告企業らの責任 ……………………………………………………… 239
  2 民法719条1項前段に基づく共同不法行為の成否 ……………… 241
  3 民法719条1項後段に基づく共同不法行為の成否 ……………… 241
  4 民法719条1項後段の類推適用（寄与度不明の場合）…………… 242
  5 製造物責任法3条 ……………………………………………………… 243

京都建設アスベスト第一陣1審事件 …………………………………… **245**

第1 被告国の責任 …………………………………………………………… 245
  1 違法の時期 ……………………………………………………………… 245
  2 石綿関連疾患の知見時期 ……………………………………………… 246
  3 規制権限の不行使 ……………………………………………………… 247

第2 被告企業の責任 ………………………………………………………… 249

京都建設アスベスト第一陣控訴審事件 ………………………………… **254**

第1 被告国の責任 …………………………………………………………… 254
  1 石綿関連疾患の知見時期 ……………………………………………… 254
  2 建築作業従事者が石綿関連疾患に罹患する客観的な危険性 ……… 255
  3 石綿の製造等禁止に係る規制権限不行使の違法性 ………………… 256
  4 一人親方等の関係における規制権限等不行使の違法性 …………… 257
  5 建築基準法に基づく規制権限等不行使の違法性 …………………… 257

第2 被告企業らの責任 ……………………………………………………… 258
  1 被告企業らの予見可能性 ……………………………………………… 258

	2	被告企業らの警告表示義務違反 ………………………………	258
	3	被告企業らの石綿不使用義務違反 ………………………………	259
	4	被告企業ら共同不法行為 …………………………………………	259
第3		X1らの損害 …………………………………………………………	263
	1	基準慰謝料額 ………………………………………………………	263
	2	被告国の責任 ………………………………………………………	263
	3	肺がんを発症した被災者の喫煙歴 ………………………………	263

九州建設アスベスト事件 ……………………………………………… 265

第1		被告国の責任 ………………………………………………………	265
	1	建材メーカー等に対する警告表示の義務付けに関する規制権限不行使の違法性の有無 ………………………………………………	265
	2	石綿含有建材の製造禁止措置を講じなかった点に関する規制権限不行使の違法性の判断 ………………………………………………	266
第2		被告企業の責任 ……………………………………………………	267
	1	民法719条1項前段の共同不法行為の責任 ………………………	267
	2	民法719条1項後段の共同不法行為の責任 ………………………	267
	3	累積的競合、重合的競合、寄与度不明の場合 …………………	268

北海道建設アスベスト事件 …………………………………………… 270

第1		被告国の責任 ………………………………………………………	270
	1	労働関係法令に基づく規制権限の不行使の違法性 ……………	270
	2	建築関係法令に基づく規制権限不行使の違法性 ………………	272
第2		被告企業の責任 ……………………………………………………	272
	1	民法719条1項前段の共同不法行為の成否について ……………	272
	2	民法719条1項後段に基づく共同不法行為の成否について ……	273

第3編　全国建設アスベスト判決論点一覧表 簡略版 ……… 275

おわりに ………………………………………………………………………… 286

第 1 編

石綿（アスベスト）基礎編

はじめに

　本書は、石綿（アスベスト）の引き起こした問題のうちの、従業員や周辺住民らの健康被害についての損害賠償請求を中心として取り上げた本である。

　石綿（アスベスト）は、筆者が子ども時代には、自然に目にするところに何となく使われていた。私の高校生時代には教室の壁にべたべたと白い綿のような柔らかいものが貼られていたし、小学校、中学校の化学の時間のアルコールランプの上の金網には、丸く白い部分があり、これが、今考えると、石綿（アスベスト）であった。それが健康上危険なものという意識はなく、むしろ、親しみがあって丸く包容力のあるものという印象がある。考えてみれば、高校の教室の壁にサッカーや野球のボールをぶつけて遊んでいたが、それで結構な粉じんが立ち、多くの級友がそれを吸っていたのであろうが、今後、それが肺内で悪戯をしないとも限らない。

　ところが、その有害であった石綿（アスベスト）は少なくとも平成18年以降は新たに使用されることはなくなったが、今後は解体作業等でそれを取り除く際に粉じんに曝露して健康を害する危険性があるということであり、まことにやっかいな物に成り下がったということである。

　国土交通省によると、2020年〜2040年がその建物等の解体のピークであって、これから益々石綿（アスベスト）粉じんを曝露する危険性が増えることになるので、要注意ということである。我々の世代は、危険で命を落とすかもしれない物質を、日常平然として受け入れて向き合っていたということであり、あまりの無知さに驚かざるを得ないし、これまでの国の無策には立腹しなければならない。

　本書は、石綿（アスベスト）についての基本的な知識を知ると共に現在までの具体的な訴訟の内容について紹介し、現実化していく石綿（アスベスト）関連疾患に対する責任と対応策についての基本的な在り方について検討していく。

第1章　石綿（アスベスト）総論

1　最近アスベストが注目された理由

　平成17年6月29日、株式会社クボタの旧神崎工場（尼崎市所在）周辺にアスベストによる被害により死亡した者が多数にのぼるという発表がなされ、以降、続々とアスベストによる加害行為を行ってきた事業者がアスベストによる健康被害の実態を公表した。

　このことを契機として世論も沸騰したが、驚くべき事は、直接はアスベスト粉じんには曝露されていないはずのその従業員の家族や工場周辺の住民にも被害が出ているという実態があることである。つまりアスベスト問題は、その事業場でアスベストを製造したり取り扱う者や就労環境でアスベストに被曝する者ばかりではなく、その労働者の家族、工場の周囲の住民等に対しても予めきちんとした対応をすることを必要とするのである。

　当時の報道によると、アスベスト関連疾患で死亡した従業員の数はニチアス144名、クボタで79名ということであった（日経エコロジー2006年3月号による）。

ニチアス	144名
リゾートソリューション	24名
エーアンドエーマテリアル	20名
日本バルカー工業	20名
太平洋セメント	16名
クボタ	79名
竜田工業	21名
石川島播磨重工業	20名
三菱重工業	17名
住友重機械工業	14名

日経エコロジー、2006年3月号

その他、昭和62年には、アスベストが学校で多く使われてきたという実態が明らかになり、それを排除する作業の粉じん曝露の危険性が注目された時期があった。この学校パニック状態は、長年続くこともなく、平成18年にアスベストの使用が禁止になるまで、実に15年間以上も、使用量は減少したとはいえアスベストは使われてきたのである。我々日本国民のあまりの鈍感さにも腹が立つが、危険性について大きく報道せずに長く使い続けさせた国の責任は極めて大きい。未だに国の施設で古い建物（それ程古くはなく30数年くらい前のもの）にもアスベストが使われたままの状態になっていたことが発覚しており、国の鈍感さ、無責任さは目に余るものがある。

2　アスベスト関連法案の成立

　前述のクボタの旧神崎工場の事件から、アスベスト問題は大きな社会的な問題となり、アスベストを規制する関連法案が平成18年2月3日に可決成立した。
　その改正法の概要は、大気汚染防止法改正、建築基準法改正、廃棄物処理法改正、石綿健康被害者救済法等から構成されている。石綿健康被害救済法の内容は後述することにして、他の三法についての概要は、次のとおりである。

（1）大気汚染防止法改正
・アスベストを使用している工作物（工場のプラント等）についての、解体等の作業時における飛散防止対策の実施を義務付ける。
・建築物に該当しない工作物の解体にも規制の対象とする。
・解体等の作業には、都道府県知事の事前届出、作業場等の隔離等の作業基準の遵守の義務付け。

（2）建築基準法改正
・吹付けアスベスト、アスベスト含有吹付けロックウール等飛散のおそれのあるものの使用の規制。
　①増改築時における除去等を義務付け
　②アスベストの飛散のある場合に勧告・命令等を実施
　③報告聴取、立入検査を実施
　④定期報告制度による閲覧の実施

（3）廃棄物処理法改正

・アスベスト廃棄物を溶融・無害化する高度技術による無害化について、国が個々の施設の安全性を確認して認定することにより、促進・誘導すること。

3 石綿の種類

そもそも石綿（アスベスト）とは何かということであるが、火山活動で火成岩の一種である超塩基性岩の地殻内マグマの裂け目に水が侵入し、非常に高い圧力のもとで熱水作用を受け、その裂け目に繊維状結晶が生成されたものである。多様な物理化学的性質を持つ天然の繊維状ケイ酸塩鉱物の総称である。WHOやILOによると、アスベストのうち、主要な種類は次のようなものである。

> a 蛇紋石族のクリソタイル（白石綿）
> b 角閃石族のアモサイト（茶石綿）
> c クロシドライト（青石綿）
> d アンソフィライト
> e トレモライト
> f アクチノライト

これらの6種類の鉱物のうち、顕微鏡レベルで長さと幅の比が3以上のアスペクト比を持つ繊維状のものを石綿（アスベスト）と定義している。

このうち、産業的に用いられてきたのは、a、b、c、dの4種類であり、a（クリソタイル）が全体の9割以上で、以下、b（アモサイト）、c（クロシドライト）の順で使われてきた。

c（クロシドライト）が最も毒性が強く、その発ガン性は、クリソタイルの500倍もあるといわれる。

4 石綿の特性

石綿（アスベスト）は、優れた物的性質を有しており、奇跡の鉱物といわれる。それであるが故に、アスベストは非常に多くの方面で使われてきた。特性とし

て指摘されているものには、次の①〜⑩のようなものがある。
　①紡織性（しなやかで、糸や布に織ることができること）
　②抗張性（引っ張りに強い）
　③耐摩擦性（摩擦・摩耗に強い）
　④耐熱性（燃えないで高温に耐えること）
　⑤断熱・防音性（熱や音を遮断すること）
　⑥耐薬品性（薬品に強い）
　⑦絶縁性（電気を通しにくいこと）
　⑧耐腐食性（細菌・湿気に強い）
　⑨親和性（他の物質との密着性に優れていること）
　⑩経済性（安価である）

5　石綿の用途

　国内にも石綿（アスベスト）は存在したが微量であり、殆どが輸入されてきた。明治20年代に輸入が始まった。その後、次のような用途に使用されてきた。

　①石綿紡織品（船舶の保温材、自動車の摩擦材等）
　②石綿含有建材（波板スレート、住宅用屋根スレート、ボード類、石綿セメント円筒等）
　③シール材（グランドパッキング、ガスケット等）
　④石綿板（ディスクロール等）
　⑤石綿紙（電線被膜等）
　⑥摩擦材（ブレーキライニング、クラッチフェーリング等）
　⑦保温材
　⑧吹付け石綿
　⑨石綿タイル

　平成8年頃には、我が国の石綿消費量のうち、約9割を建材製品が占めることになる。

6　我が国における石綿輸入量

　明治 20 年代に石綿製品の輸入を開始したが、戦時中の昭和 17 年～ 23 年は輸入が途絶えて、国産の石綿が使用された。

　戦後は専ら輸入に依存し、昭和 25 年から輸入量は増加し始め、昭和 36 年には 10 万 t を超え、昭和 45 年には 30 万 t 近くに達した。昭和 49 年に約 35.2 万 t で最高を記録し、増減を繰り返しながら徐々に減少し、昭和 60 年頃から平成元年頃までは再度増加したものの（昭和 63 年には昭和 50 年以降のピークである 32 万 .04 t に達した）、平成 2 年以降、ＩＬＯの石綿条約や通産省の石綿含有率低減化政策により、急速に減少した。

　平成 7 年には、クリソタイル（白石綿）以外の石綿の輸入・使用が禁止となった。平成 12 年には輸入量が 10 万 t を切り、平成 16 年には 1 万 t を下回り、平成 18 年には石綿の使用が全面的に禁止となり、その輸入量はゼロとなった。

7　石綿製品の種類

（１）石綿紡織品

　石綿繊維を集合して糸の形につくる。それを材料にして、織物（石綿布）、編物（石綿パッキングひも）を製造する。船舶の保温材、電解用石綿隔膜布、石綿被服、防火幕、自動車の摩擦材の素材として利用された。

（２）石綿含有建材材料

　石綿の含有建材材料としては、①～④がある。
　①波形スレート
　②住宅用屋根スレート
　③ボード類
　　ⅰサイディング
　　ⅱフレキシブル板
　　ⅲ平板
　　ⅳ軟質板

ⅴパーライト板
　　　ⅵパルプセメント板
　　　ⅶスラグ石膏板
　　　ⅷ石綿セメントけい酸カルシウム板
　　　ⅸ押出成型セメント板
　④石綿セメント円筒（パイプ）

（3）シール材
　シール材とは、パッキングやガスケットのことをいう。
　シール材は、タンク、パイプライン、装置機器などを接続する際の継ぎ目からの流体漏れを防止するために用いられた。

（4）石綿板及び石綿紙

（5）摩擦材
　自動車用や産業機械用、産業車両用に用いられていた。

（6）保温材
　ボイラー、加熱炉、配管などの熱損失を防ぐために用いられた。

（7）吹付け石綿
　熱に強い石綿繊維とセメントを機械により吹付け施工する。吸音断熱、結露防止、耐火の性能に優れている。
　吹付け石綿は、昭和50年に特定化学物質等障害予防法（特化則）の改正により原則禁止になった。

（8）石綿タイル
　石綿タイルには、アスファルト石綿タイルと塩化ビニール石綿タイルとがある。

8　石綿含有建材

　我が国では、石綿の有する耐久性、耐熱性といった性能、価格の安価性から、建物に要求される性能を確保するための材料として、多種多様な石綿含有建材が製造販売され、建設作業現場においては石綿含有建材が大量に使用されてきた。昭和46年から平成13年までに既設建設物に使用された石綿含有建材の推定量（予測量）は、我が国における石綿の全使用量の7割を超えるものであった。

（1）石綿含有建材の種類と特徴
　石綿含有建材は、その飛散性に応じて、①レベル1：石綿含有吹付け材、②レベル2：石綿含有保温材、耐火被覆材、断熱材、③レベル3：その他の石綿含有建材（成形板等）に分けられる。

（2）石綿含有吹付け材
　昭和30年頃から用いられた。
　石綿繊維とセメントを機械により吹付け施工するため、いかなる形状の場所にも施工が可能である。吸音、断熱、結露防止、耐火などの性能に優れ、しかも施行後は継ぎ目のない平滑りの仕上がりとなり、需要が増加した。
　昭和31年頃から、学校、ビル、ホテル、劇場、公民館・公会堂、体育館、ダンスホール、ボウリング場、駐車場、船舶、電車、工場などで広く使われた。
　昭和42年頃から、高層ビル化、鉄骨造構造化の進展に伴い、その鉄骨に耐火被覆のために吹き付けられた。昭和46年、47年の高度経済成長期が最需要期であった。
　昭和50年改正の特化則により、石綿含有量が重量比で5％を超える石綿吹付け作業は原則、禁止された後、昭和60年頃から学校や公共の建物の吹付け石綿の除去作業が行われたが、多くの建物吹付け石綿は除去されずに残っているので、吹付け石綿が使用された建物の取り壊しは2020年頃にピークを迎え、2050年頃までは続くといわれる。

（3）石綿含有保温材、断熱材、耐火被覆板
　ボイラー、各種の加熱炉、配管など熱損失を防ぐため、保温剤が用いられた。

アモサイトは熱伝導率が小さく、かさ比重が小さく、強度が大きく、耐熱性が高いなどの特性を有することから、保温・断熱材として古くから使用されてきた。

（４）石綿含有成形板
　石綿含有成形板のうち、特に石綿セメント製品は使用量が多く、昭和57年には石綿の68％、昭和61年には78％、平成8年には93％が石綿セメント製品に用いられていた。
（＊本章3項～8項は、京都地裁平成28年1月29日判決（判例時報2305号22頁）、及び、「職業性石綿曝露と石綿関連疾患」・三信図書参照）を参照)

第2章　石綿関連疾患とは

1　石綿（アスベスト）関連疾患の種類

　石綿（アスベスト）に関連して引き起こされる疾病には、次の（1）〜（5）がある。

（1）石綿（アスベスト）じん肺

　アスベストの高濃度曝露によって発症するじん肺である。病理組織学的には、細気管支周辺から始まるびまん性間質性肺炎であり、診断には、①職業性アスベスト曝露歴があること、②胸部Ｘ線で下肺野を中心にした不整形陰影を認めること、③他の類似疾患やアスベスト以外の原因物質による疾患を除外することが必須であり、最終的に病理診断によらなければならないことが多い。

　石綿肺は、ある程度以上の高濃度の石綿累積曝露量を上回らないと発症しないと考えられている。閾値（生体の反応はある程度までは一見無反応であり、ある量を超えると生体に変化が生じる、その量）は、少なくとも25本／ｃm^3×年以上とされている。

（2）原発性肺がん

　アスベスト肺に合併した肺がんであり、肺の繊維化が肺がんメカニズム上重要であると考えられていたが、最近ではアスベスト肺を合併しないアスベスト肺がんの存在も明らかとなり、アスベスト自体が肺がん発生に重要であると考えられている。

　肺がんの原因はアスベスト以外にも多くあるが、石綿以外の原因による肺がんを医学的に区別できない以上、肺がんの発症リスクを2倍以上に高める石綿曝露があった場合を以て石綿に起因するものとみるのが相当であると考えられている。特に喫煙者について、肺がんのリスクが増加し、肺がん発症における喫煙と石綿の関係は、相乗的に作用すると考えられており、IPCS（国際化学物質安全性計画）によれば、喫煙率も石綿曝露歴もない人に比べ、喫煙歴があって石綿曝露歴がない人は10.85倍、喫煙歴がなく石綿曝露歴がある人は5.17倍、喫煙歴も石綿曝露歴もある人は53.24倍の発がんリスクを有することが報告されている。

（3）中皮腫

　臓器の表面と体壁の内側を覆う漿膜の表面にある中皮細胞に由来する腫瘍である。中皮腫は全て悪性であり、発生部位では胸膜原発が約80〜90％と最も多く、腹膜が約10％である。組織は、基本的に上皮様細胞と肉腫様細胞から形成され、組織系は大きく3型に分類される。上皮型が約60％、肉腫型が約20％、両者の組織型が交じる二層型が約20％といわれる。中皮腫は、アスベスト低濃度曝露でも発生し、閾値は定められないと考えられている。中皮腫発症の殆どは、アスベスト曝露が原因とされている。

（4）びまん性胸膜肥厚

　アスベストによる胸膜肥厚は、良性石綿胸水の結果として生じることが多い。病理学的には臓側胸膜の慢性線維性胸膜炎であるが、その病変は壁側胸膜にも及び、両者は癒着する。そのため、横隔膜の動きが悪くなることによる拘束性呼吸機能障害を来すことがある。

（5）良性石綿胸水（アスベスト胸膜炎）

　アスベスト曝露によって生じる非悪性の胸水を良性石綿胸水といい、診断基準として、①アスベスト曝露歴がある、②胸水が存在する、③悪性腫瘍や結核など他に胸水の原因となる弛緩が見当たらない、の最低3項目を満たす必要があり、胸水発生後1年間は悪性腫瘍の発生に対する経過観察が重要である。

2　その他、石綿関連疾患とはいえないが、アスベスト曝露によって起こる医学的所見として、（1）胸膜プラーク、（2）石綿小体がある

（1）胸膜プラークとは

　胸膜プラークは、限局性、板状の胸膜肥厚であり、その大部分は壁側胸膜に生じるが、まれに葉間胸膜など臓側胸膜にも生じる。厚さは1〜10mm以上と多彩であるが、1〜5mm程度の厚さのものが多い。胸膜プラークは、石綿曝露の開始直後には認められず、年余をかけて徐々に成長し、時間の経過とともに石灰化する。石灰化胸膜プラークの出現には、概ね20年以上を要する。

（2）石綿小体とは

　石綿小体とは肺内に吸入されたアスベスト繊維がマクロファージなどに貪食され、そのまま長期間肺内に滞留する。フェリチンやヘモジデリン等で被覆されたものをいい、過去の石綿曝露の重要な指標となる。

（＊本章は、「アスベスト関連疾患日常診療ガイド」24〜33頁、「石綿による健康被害に係る医学的判断に関する考え方報告書」（石綿による健康被害に係る医学的判断に関する検討会、平成18年2月）を参照)

第3章　労災保険の認定

　石綿による疾病の認定基準は、現在、「石綿による疾病の認定基準について」（平成24年3月29日付基発0329第2号）によっている。それ以前の平成18年2月9日付基発第0209001号通達は廃止された。

1　石綿曝露作業

　労災保険の適用を受けるには、まず、石綿（アスベスト）を取り扱う業務に従事していたことが必要となる。
　石綿曝露作業とは、次の①〜⑪である。
①石綿鉱山や付属施設に岩石の掘削、搬出、粉砕その他石綿の精製に関連する作業、
②倉庫内等における石綿原料の袋詰め又は運搬作業、
③石綿製品の製造工程における作業、
④石綿の吹付け作業、
⑤耐熱性の石綿製品を用いて行う断熱若しくは保温のための被覆又はその補修作業、
⑥石綿製品の切断等の加工作業、
⑦石綿製品が被覆材又は建材として用いられている建物、その付属施設等の補修又は解体作業、
⑧石綿製品が用いられている船舶又は車両の補修又は解体の作業、
⑨石綿を不純物として含有する鉱物（タルク（滑石）等）等の取扱い作業、
⑩上記①から⑨までに掲げるもののほか、これら作業と同程度以上に石綿粉じんの曝露を受ける作業、
⑪上記①から⑩の作業の周辺において、間接的な曝露を受ける作業

2　認定基準該当性

　労災保険の適用のためには、認定基準に該当することが必要となる。それは以下のとおりである。

(1) 石綿肺（合併症を含む）

　石綿肺はじん肺症の中の1種類であるから、当然じん肺法の適用を前提としており、それによってじん肺の要件を満たすことが労災補償の前提となる。
　じん肺管理区分4の疾病、または、じん肺管理区分2、3でアないしオの合併症の場合

> ア　肺結核
> イ　結核性胸膜炎
> ウ　続発性気管支炎
> エ　続発性気管支拡張症
> オ　続発性気胸
> カ　原発性肺がん

　即ち、じん肺管理区分4に該当すれば、即、要療養と判断されるが、じん肺管理区分2、3（イ、ロ）だけでは、療養の必要があるとはいえず、ア～オの合併症に罹患して要療養となるのである。
　まず、じん肺管理区分については以下のとおりである。じん肺管理区分は、X線写真像と肺機能障害の組み合わせで決まる。

①X線写真像
　X線写真像は、じん肺法4条1項により、第1型～第4型までに区分される。

ⅰ 第1型	両肺野にじん肺による粒状影又は不正形陰影が少数あり、かつ、じん肺による大陰影がないと認められるもの
ⅱ 第2型	両肺野にじん肺による粒状影又は不正形陰影が多数あり、かつ、じん肺による大陰影がないと認められるもの
ⅲ 第3型	両肺野にじん肺による粒状影又は不正形陰影が極めて多数あり、かつ、じん肺による大陰影がないと認められるもの
ⅳ 第4型	じん肺による大陰影があると認められるもの

②肺機能障害

次に肺機能障害であるが、じん肺管理区分を決定するには、著しい肺機能障害があるか否かということになる。

それは肺機能検査で測定する。肺機能検査は、1次検査と2次検査とに分かれている。

1次検査は、スパイロメトリーによる検査とフローボリューム曲線の検査とを行い、スパイロメトリーによる検査によりパーセント肺活量（％VC）及び1秒率（FEV 1.0％）を求め、フローボリューム曲線の検査により最大呼出位速度（V・25）を求める。

2次検査では、動脈血ガスを測定する検査を行い、動脈血酸素分圧（PaO2）及び動脈血炭酸ガス分圧（PaCO2）を測定し、これらの結果から肺胞気・動脈血酸素分圧較差（A-aDO2）を求める。

③じん肺管理区分

じん肺法4条2項によりじん肺管理区部分1～4の要件が定められている。

管理1	じん肺の所見がないと認められるもの
管理2	X線写真像が第1型で、じん肺による著しい肺機能の障害がないと認められるもの
管理3イ	X線写真像が第2型で、じん肺による著しい肺機能の障害がないと認められるもの
管理3ロ	X線写真像が第3型又は第4型（大陰影の大きさが一側の肺野の3分の1以下のものに限る。）で、じん肺による著しい肺機能障害がないと認められるもの
管理4	a X線写真像が第4型（大陰影の大きさが一側の肺野の3分の1を超えるものに限る。）と認められるもの b X線写真像が第1型、第2型、第3型又は第4型（大陰影の大きさが一側の肺野の3分の1以下のものに限る。）で、じん肺による著しい肺機能の障害があるものと認められるもの

（2）肺がん

　石綿曝露労働者に発生した原発性肺がんであって、次の①または⑥のいずれかに該当するものは、最初の石綿曝露作業（労働者として従事したものに限らない。）を開始したときから10年未満で発症した者を除き、業務上疾病として取り扱う。

①石綿肺の所見が得られていること（じん肺法に定める胸部X線写真の像が第1型以上であるものに限る）。

②胸部X線検査、胸部CT検査等により、胸膜プラークが認められ、かつ、石綿曝露作業への従事期間（石綿曝露労働者としての従事期間に限る。以下同じ）が10年以上あること。但し、平成8年以降の従事期間は、実際の従事期間の1／2とする。

③次のア～オまでのいずれかの所見が得られ、かつ、石綿曝露作業への従事期間が1年以上あること。

　ア 乾燥肺重量1g当たり5000本以上の石綿小体
　イ 乾燥肺重量1g当たり200万本以上の石綿繊維（5μm超）
　ウ 乾燥肺重量1g当たり500万本以上の石綿繊維（1μm超）
　エ 気管支肺胞洗浄液1ml中5本以上の石綿小体
　オ 肺組織切片中の石綿小体又は石綿繊維

④次のア又はイのいずれかの所見が得られ、かつ、石綿曝露作業の従事期間が1年以上あること。

　ア 胸部X線写真により胸膜プラークと判断することができる明らかな陰影が認められ、かつ、胸部CT画像により当該陰影が胸膜プラークとして確認されるもの
　　（ア）両側又は片側の横隔膜に、太い線上又は斑状の石灰化陰影が認められ、肋横隔の消失を伴わないもの
　　（イ）両側側胸壁の第6から第10肋骨内側に、石灰化の有無を問わず非対称性の限局性胸膜肥厚陰影が認められ、肋横角の消失を伴わないもの
　イ 胸部CT像で胸膜プラークを認め、左右いずれか一側の胸部CT画像上、胸膜プラークが最も広範囲に抽出されたスライスで、その広がりが胸膜内側の1／4以上のもの

⑤石綿曝露作業のうち、石綿糸、石綿布等の石綿紡績製品の製造工程における作業、石綿セメント又はこれを原料として製造される石綿スレート、石綿高圧管、石綿円筒等のセメント製品の製造過程における作業、若しくは石綿の吹付け作業のいずれかへの従事期間又はそれらを合算した従事期間が5年以上あること。ただし、従事期間の算定において、平成8年以降の従事期間は、実際の従事期間の1／2とする。
⑥後記（4）の要件を満たすびまん性胸膜肥厚を発症している者に併発したもの。

（3）中皮腫

　石綿曝露労働者に発症した胸膜、腹膜、心膜、又は精巣鞘膜の中皮腫であって（＊医学的所見があることが大前提）、次の①又は②に該当する場合
　①じん肺法に定める胸部X線写真の像が第1型以上である石綿肺の所見が得られていること。
　又は
　②石綿曝露作業への従事期間が1年以上あること、最初の石綿曝露作業（労働者として従事した者に限らない）を開始したときから10年未満で発症したものを除く。

（4）びまん性胸膜肥厚

　石綿曝露労働者に発症したびまん性胸膜肥厚であって、次の①～③までのいずれの要件にも該当する場合
　①胸部CT画像上、肥厚の広がりが、片側にのみ肥厚がある場合は側胸壁の1／2以上、両側に肥厚がある場合は側胸壁の1／4以上あるものであること。
　②著しい呼吸機能障害を伴うこと。
　　著しい肺機能障害とは、次のア又はイに該当する場合をいう。
　　ア　パーセント肺活量（％VC）が60％未満であること
　　イ　パーセント肺活量（％VC）が60％以上80％未満であって、次の（ア）又は（イ）に該当する場合
　　　（ア）1秒率が70％未満であり、かつ、パーセント1秒量が50％未満である場合

（イ）動脈血酸素分圧（PaO2）が60Ｔｏｒｒ以下である場合又は肺胞気動脈血酸素分圧較差（AaDO2）が別表（省略）の限界値を超える場合
③石綿曝露作業への従事期間が３年以上であること。

（５）良性石綿胸水

石綿曝露労働者に発症した良性石綿胸水について、全事案につき、関係資料を添えて本省と協議する。石綿曝露作業の内容及び従事歴、医学的所見、必要な療養の内容等調査の上個々の事案ごとに判断する。

（参考）
　著しい肺機能障害があるか否かを測定するために肺機能検査を行うが、次のパーセント肺活量、１秒率、パーセント１秒量、動脈酸素分圧、肺胞気・動脈酸素分圧較差が活用される（詳しくは、「じん肺診査ハンドブック」労働省安全衛生部労働衛生課編（中央労働災害防止協会）参照）
＊パーセント肺活量（％VC）
　　肺活量の正常予測値に対する実測値の割合（％）で示される指標である。拘束性換気障害の程度を評価する指標として用いる。拘束性障害とは、肺活量の低下であり、肺の弾力性の低下、胸部の拡張の障害が原因とされている。
　　肺活量の正常予測値は、予測式により算出する。
　　{予測式}　　男性：0.045×身長（ｃm）－0.023×年齢－2.258（Ｌ）
　　　　　　　　女性：0.032×身長（ｃm）－0.018×年齢－1.178（Ｌ）
＊＊１秒率、パーセント１秒量
　　１秒率とは努力性肺活量に対する１秒間の呼出量（１秒量）の割合（％）で示される指標であり、パーセント１秒量は、１秒量の正常予測値に対する実測値の割合で示される指標である。閉塞性換気障害の程度を評価する指標である。閉塞性障害は気道閉塞、肺気腫などが原因とされている。１秒量の正常予測値は、予測式により算出する。
　　{予測式}　　男性：0.036×身長（ｃm）－0.028×年齢－1.178（Ｌ）
　　　　　　　　女性：0.022×身長（ｃm）－0.022×年齢－0.005（Ｌ）
＊＊＊動脈酸素分圧（PaO2）は、低酸素血症の程度を示す指標である。
　　肺胞気・動脈酸素分圧較差（AaDO2）は、ガス交換障害の程度を示す指標であり、びまん性胸膜肥厚による呼吸機能障害の程度を判定するための補完的な指標である。

第4章　石綿健康被害救済法

　クボタショックからのアスベスト関連法案の一環として石綿健康被害救済法は平成18年2月3日成立し、その基金の創設は平成18年2月10日であり、救済給付・特別遺族給付金の支給は平成18年3月27日からである。

1　制定趣旨

　石綿（アスベスト）の被害の救済を考える場合、労災保険の適用者とそれ以外の者とを区別して考えなければならない。事業場においてアスベストを製造したり、取り扱っていた場合は労災保険の業務上判断の対象となりやすい。

　しかしながら、アスベストの健康被害の場合も曝露から発症までの期間が長いので、場合によっては労働者としても30年、40年も前に働いていた時に原因があるという主張をしていく事になり、特に、その労働者が死亡した場合には、その遺族はアスベストに関する知識もなければ、また、その作業現場がアスベストの粉じんが存在していたかどうかなどなかなか判明せず、業務上災害となって労災保険金が出るということは全く考えていなかった場合が多いと思われる。その場合には遺族補償が時効となって請求できないことになる。

　他方、もともと労災保険の対象とならないその労働者の家族や周辺の住民についても、アスベスト粉じんに曝露する機会は十分に考えられ、そのために何らかの補償を考えなくてはならないことにならない。というのは、公害健康補償法では、公害被害者といえるためには、相当な範囲にわたる大気汚染などの影響による疾病との認定が必要になり、アスベスト粉じんの曝露ではこの要件を満たしていないからである。

　そのような観点から、環境省と厚生労働省の主導に制定された。独立行政法人環境再生保全機構から救済給付が出されることになっている。

2　法律の内容

（1）制度目的（1条）

　石綿による健康被害の特殊性に鑑み、石綿による健康被害を受けた者及びそ

の遺族に対し、医療費等を支給するための措置を講じることにより、石綿による健康被害の迅速な救済を図る。

（2）制度概要
　独立行政法人環境再生保全機構は、日本国内において石綿を吸入することにより指定疾病にかかった旨の認定をうけた者に対し、その請求に基づき、医療費を支給する旨を定めている（同法4条1項）。
　石綿健康被害救済法59条1項は、死亡労働者等の遺族であって、労災保険法の規定による遺族補償給付を受ける権利が時効によって消滅したものに対し、その支給に基づき特別遺族給付金を支給する旨を定めている。

　ⅰ 支給対象者
　日本国内において石綿を吸入することにより指定疾病に罹った者（労災の対象となる者等は除く）又はその遺族

　ⅱ 対象疾病
　・石綿を原因とする中皮腫
　・気管支又は肺の悪性新生物（肺がん、気管支がん）
　・著しい呼吸機能障害を伴う石綿肺
　・著しい呼吸機能障害を伴うびまん性胸膜肥厚

　ⅲ 救済給付の仕組、手続
　独立行政法人環境再生保全機構に申請し、機構は環境大臣に判定を申請する。環境大臣は中央環境審議会の意見を聞いて判定を行い結果を機構に通知する。
　認定を受ければ、石綿健康被害医療手帳の交付を受けて、機構に給付の申請をする。認定の有効期限は5年であり、5年ごとに更新申請をする必要がある。

　ⅳ 給付内容
　給付の内容は、救済給付金と、特別遺族給付金とに分かれる。

a 救済給付金
　救済給付金としては次のようなものがある。（法3条）
- 医療費（自己負担分全額）
- 療養手当（月額10万3,870円）
- 葬祭料指定疾病に認定された患者の葬祭に伴う費用負担に対する給付（19万9,000円）
- 救済給付調整金
　指定疾病に認定された者がなくなるまでに給付を受けた医療費及び療養手当の合計額が特別遺族弔慰金に満たない場合に、認定患者の遺族に支払われる給付
- 特別遺族弔慰金
　指定疾病に認定された者が、指定疾病が原因で亡くなった者の遺族に対する救済給付（280万円）
- 特別葬祭料
　指定疾病が原因で死亡した者の葬祭に伴う費用の負担（19万9,000円）

b 特別遺族給付金（法59条）
　石綿による健康被害を生じた労働者や特別加入者が、労災保険の給付を受けずに石綿による疾病で亡くなったとき、その遺族で時効により労災保険の遺族補償給付の支給を受ける権利がなくなった場合に、特別遺族年金として原則年額240万円、特別遺族一時金1,200万円が支払われる。

v 費用の負担
　石綿健康被害救済基金が設立され、その財源は、①一般拠出金として、労災保険適用事業主等から毎年度、徴収し、②特別拠出金として、石綿の使用量、指定疾病の発生状況を勘案して政令で定める一定の要件に該当する事業主から、毎年度、特別拠出金を徴収する。
　ただし、特別遺族給付金制度の財源については、労働保険料として労災適用事業主から徴収される（労働保険特別会計勘定から支出）。

第5章　医学的知見

　石綿関連疾患については、医学的な知見の時期が問題となる。というのは、国や事業主の過失による責任を問う場合には、不法責任にせよ、安全配慮義務違反にせよ、石綿（アスベスト）粉じんの曝露によって、そのような石綿関連疾患に罹患する可能性があるという予見可能性があることが前提となるからである。

　これまでのじん肺訴訟などでは、この医学的知見の時期が争われた場合には日本ではないドイツ、イギリス、アメリカなどの海外の文献において、それらの疾病の報告がなされていた時期が医学的な知見の時期とされることが多く、かなり非現実的な予見可能性が認定されることも多かったが、この石綿（アスベスト）訴訟では、そのような傾向はむしろ少なく、日本国内における法制度や規制のあり方等、現実的な医学的な知見の時期が認定されているように思われ、その意味では、公正な判断ではないかと考えている。

　この点は、後述する石綿（アスベスト）による損害賠償請求事件において詳細に検討の上で認定されているが、ここでは、後に紹介する裁判例の主流的な立場を紹介する。

1　石綿じん肺について

　じん肺にもいろいろ種類があるが、じん肺症の中では石綿（アスベスト）じん肺は認定されたのは時期的には比較的遅い方である。初めは、金属鉱山における珪肺、炭鉱夫じん肺、トンネル工事における珪肺等があり、石綿がじん肺との関係で問題にされたのは後である。とはいっても、昭和35年の旧じん肺法成立の時点では石綿（アスベスト）じん肺も対象とされており、その医学的な知見の時期は昭和35年よりも早くなる。

　昭和32年度の労働省のじん肺研究（労働衛生試験研究）の成果報告により昭和33年3月には、石綿粉じんによる石綿（アスベスト）肺発症の医学的知見が確立したとみるのが、裁判例の主流である。

2 肺がん、中皮腫

昭和47年ＩＡＲＣ（国際がん研究機関）報告が労働省労働衛生研究所の坂部弘之により日本国内で紹介されたことにより、石綿と肺がんとの因果関係との医学的知見、石綿と中皮腫との因果関係との医学的知見が成立したとみるのが裁判例の主流である（中皮腫の場合、閾値がないといわれ、肺がんよりも少量の石綿の曝露によっても発症する）。

第6章　行政上の規制

　石綿（アスベスト）が石綿関連疾患を引き起こす可能性のある有害物質としての行政上の規制が、これまでどのように行われてきたかという規制の歴史的な経過を紹介する。

　後述のように、国に対して、その規制権限があるにもかかわらず、そのような規制を怠った結果、石綿が自由に使われて、労働者が石綿粉じんに曝露し、石綿関連疾患に罹患したということで、国は国家賠償責任を問われているのであり、その前に、どのような規制をすべきであったという観点から、これらの規制の経過をみていく必要がある。

　石綿（アスベスト）の規制に関する法律としては、①工場危害予防及衛生規則、②労働基準法・労働安全衛生法、③旧じん肺法があり、政令としては、④安衛令、⑤安衛則、⑥特定化学物質等規制規則（特化則）、⑦石綿障害予防規則がある。また、法令の改正、施行に伴い、多くの通達が出されているが、その経緯について紹介する。

1　工場危害予防及衛生規則（昭和4年）

　この規則は、昭和4年に制定されたものであるが、じん肺などを意識して制定されたものではない。その規制の内容としては、①粉じんを発散し衛生上有害な場所に、危害予防のため、排出密閉その他適当な設備を設置する義務（26条）、必要がある者以外の立入を禁止し、その旨を掲示する義務（27条）、②多量の粉じんを発生する場所における作業の従事する職工に使用させるため、適当な保護具を備える義務、職工が作業中その保護具を使用する義務（28条）を定めた。

2　旧労働基準法

　労働者の安全・衛生・健康についての規制する法律は、現在は安全衛生法であるが、安全衛生法が昭和47年に制定されるまでは、労基法が安全衛生の基本法であった。安全衛生法ができる前を旧労基法という。旧労基法は昭和22年に施行され、その付属省令として旧安衛則があった。

旧労基法は、使用者は、①粉じん等による危害防止等のために必要な措置を講じなくてはならない（42条）、②労働者を雇い入れた場合に、業務に関し必要な安全衛生教育を施さなければならない（50条）、③労働者は危害防止のために必要な事項を遵守しなければならない（44条）、その上で、④使用者が①の義務に違反したときは、6か月以下の懲役又は5,000円以下の罰金（119条1項）、⑤使用者が②の義務に違反したときは5,000円以下の罰金（120条）と定められた。

　旧安衛則は、旧労基法を受けて、使用者が講ずべき義務として、次のa〜dを定めた。

- a 粉じんを発散する屋内作業場において、場内空気のその含有濃度が有害な程度にならないように、局所における吸引排出又は機械若しくは装置の密閉その他新鮮な空気による換気等適当な措置を講じて置かなければならない（173条）、
- b 屋内に置いて著しく粉じんが飛散する作業場において、作業の性質上やむを得ない場合を除き、注水その他粉じん防止の措置を講じなければならない（175条）、
- c 粉じんを発散し衛生上有害な場所に、必要ある者以外の者の立入を禁止し、その旨を掲示しなければならない（179条1項4号）、
- d 粉じんを発散し、衛生上有害な場所における業務において、その作業に従事する労働者に使用させるために、呼吸用保護具等適当な保護具を備えておかなければならない（181条）、その保護具については、同時に就業する労働者の人数と同数以上を備え、常時有効かつ清潔に保持しなければならない（184条）、

　また、労働者の遵守すべき義務として、次のe、fを定めた。

- e 179条1項4号により立ち入りを禁止された場所にみだりに立ち入ってはならない（179条2項）、
- f 181条に規定する業務への就業中、保護具を使用しなければならない（185条）、

　その他、旧改正安衛則（昭和24年改正）では、181条の備え付けるべき呼吸用保護具について、労働大臣が規格を定めるものは、規格につき検定を受けたものでなくてはならないとされた（183条の2）。

3　旧じん肺法（昭和 35 年）

　旧じん肺法は昭和 35 年 3 月 31 日に成立し、昭和 35 年 4 月 1 日に施行され、石綿肺も規制の対象とされた。

　じん肺を、鉱物性粉じんを吸収することによって生じたじん肺及びこれと肺結核の合併した病気と定義し（2条1項1号）、じん肺に罹患するおそれのある作業を粉じん作業と定めた（2条1項2号、2項）。これを受けたじん肺法施行規則は、「石綿をときほぐし、合剤し、ふきつけし、梳綿（そめん）し、紡糸し、紡織し、積み込み、若しくは積みおろし、又は石綿製品を積層し、縫い合わせ、切断し、研まし、仕上げし、若しくは包装する場所における作業」を粉じん作業とした（1条、別表第一の 23）。

　使用者及び粉じん作業に従事する労働者は、じん肺を予防するため、旧労基法の規定によるほか、粉じん発生の抑制、保護具の使用その他について適切な措置を講ずるように努めなければならない（5条）、使用者は、旧労基法の規定によるほか、常時粉じん作業に従事する労働者に対してじん肺に関する予防及び健康管理のために必要な教育を行わなければならない（6条）と定めた。

4　旧特化則（昭和 46 年 5 月 1 日施行）

　労働省に設置された労働環境基準委員会は有害物質による健康障害の増加がみられたこと等を踏まえ、取り急ぎ対策を講じる必要がある有害物質等を選定し（石綿も含まれる）、それらの有害物質等による障害の防止に対する対策についての検討を行い、昭和 46 年 1 月 21 日、労働省労働基準局長に対して検討結果を報告した。

　そして、有害物質等による障害を予防するには、作業環境内の有害物質等の発散を抑制することが重要であって、そのためには有害物質の発散を防止することが必要になり、そのためにはそれに関連する抑制の濃度が必要になるとして、日本産業衛生協会が許容濃度を勧告する物質についてはその値を利用することが適切であるということになった。この値は、石綿については、2 mg／m^3（当該濃度は 33 本／cm^3 に相当）を利用することが適当とされた。

　旧特化則と旧安衛則との関係であるが、両規則が競合する部分は旧特化則が

優先し、旧特化則が適用されない事項については旧安衛則が適用される。
　旧特化則の内容としては、石綿を第二類物質と定め（2条2号、別表第二）、使用者に対し対し、①〜⑤を義務付けた。

①局所排気装置の設置
　　石綿粉じんが発散する屋内作業場については、その設置が著しく困難な場合又は臨時の作業を行う場合を除き、局所排気装置を設置しなければならない（4条1項）。同装置を設置しない場合には、全体換気装置を設け、石綿を湿潤な状態にするなど労働者の障害を予防する措置を講じなければならない（4条2項）。
　　局所排気装置は、そのフードの外側における石綿粉じんの濃度が$2mg／m^3$を超えないものとする能力を有するものでなければならない（6条2項）。

②立入禁止等
　　石綿を製造し、又は取り扱う作業場には、関係者以外の者が立ち入ることを禁止し、かつ、その旨を見やすい箇所に表示しなければならない（25条1号）。

③容器等
　　石綿を運搬し、又は貯蔵する場合は、堅固な容器を使用し、又は確実な包装をしなければならず（26条1項）、その容器又は包装の見やすい箇所に当該物質の名称、及び取扱い上の注意事項を表示しなければならず（26条2項）、石綿の保管場所について一定の場所を定めておかなければならない（26条3項）。

④環境測定
　　石綿を常時取り扱う屋内作業場には、6か月を超えない一定の期間ごとに、石綿の空気中における濃度を測定し、その測定結果を記録し、同記録を3年間保存しなければならない。

⑤呼吸保護具
　　石綿を取り扱う作業場には、石綿粉じんを吸入することによる障害を予防

するために必要な呼吸用保護具を備え付けなければならず（32条）、その保護具については、同時に就業する労働者の人数と同数以上を備え、常時有効かつ清潔に保持しなければならない（34条）。

5　安衛法、安衛令、安衛則、特化則（昭和47年10月1日施行）

安衛法が制定されたことに伴い、旧労基法42条以下の安全衛生に関する規定が廃止され、労働者の安全衛生に関しては安衛法で規制することになった。また、安衛令、安衛則、特化則が制定された。そのため、旧安衛則、旧特化則は廃止された。

（1）安衛法の内容
①健康障害の防止の措置等

　　事業者は、粉じん等による健康障害を防止するため必要な措置を講じなければならず（22条1項）、労働者を就業させる建設物その他の作業場について労働者の健康及び生命等の保持のために必要な措置を講じなければならないとされ（23条）、労働者は、事業者が講ずる措置に応じて、必要な事項を守らなければならないものとされた（26条）。

②局所排気装置の定期自主点検、作業環境の測定

　　石綿を取り扱う作業に関し、事業者は局所排気装置について定期的に自主検査を行い（45条、安衛令15条8号、特化則29条1項1号、5条1項）、鉱物粉じんを著しく発散する屋内作業場等における作業環境の測定をしなければならないとされた（65条、安衛令21条1号）。

③製造・使用の禁止、容器への警告表示

　　労働者に重度の健康障害を生ずるものについての製造や使用等を禁止するとともに（55条、安衛令16条）、労働者に健康障害を生ずるおそれのあるものについては、これを譲渡し又は提供する者に対し、容器への警告表示を義務付けた（55条、安衛令18条39号、安衛則30～34条、別表第二）。

（２）安衛則の内容

①粉じんの除去のための必要な措置

　　　粉じんを発散するなど有害な作業場においては、その原因を除去するため、代替物の使用、作業の方法又は機械等の改善等必要な措置を講じなければならない（576条）。

②密閉、局所排気装置、全体換気等

　　　粉じんを発散する屋内作業場においては、空気中の粉じんの含有濃度が有害な程度にならないようにするため、発散源を密閉する設備、局所排気装置又は全体換気装置を設けるなどの必要な装置を講じなければならない（577条）。

③注水等の措置

　　　粉じんを著しく発散する屋外等の作業場においては、注水等の粉じんの飛散を防止するため必要な措置を講じなければならない（582条）。

④有害な場所への立入り禁止

　　　粉じんの発散する有害な場所に関係者以外の者が立ち入ることを禁止し、かつ、その旨を見やすい場所に表示しなければならない（585条1項5号）。なお、労働者は、立ち入りを禁止された場所には、みだりに立ち入ってはならない（同条2項）。

⑤空気中の粉じん濃度の測定

　　　鉱物の粉じんを著しく発散する屋内作業場について、6月以内ごとに1回、定期に、当該作業場における空気中の鉱物の粉じん濃度を測定しなければならない（590条、安衛令21条1号）。

⑥呼吸用保護具の整備

　　　粉じんを発散する有害な場所における業務においては、当該業務に従事する労働者に使用させるために、呼吸用保護具等適切な保護具を備えなければならず（593条）、同保護具については、同時に就業する労働者の人数

と同数以上備え、常時有効かつ清潔に保持しなくてはならない（596条）。なお、労働者は、事業者から当該業務に必要な保護具の使用を命じられたときは、当該保護具を使用しなければならない（597条）。

（3）特化則等

　特化則は、旧特化則に引き続いて、石綿を第二類物質と定めた（2条4号、安衛令別表第三第3号2）。事業者の義務は、次のアないしキのように定めた。

　ア　石綿粉じんが発散する屋内作業場については、その設置が著しく困難なとき、又は、臨時の作業を行う時を除き、当該発散源に局所排気装置を設けなければならない（5条1項）。局所排気装置を設けなければならない場合には、全体換気装置を設け、石綿を湿潤な状態にするなど労働者の健康障害を予防するため必要な措置を講じなければならない（5条2項）。

　イ　局所排気装置は、そのフードの外側における石綿粉じんの濃度が2ｍｇ／ｍ^{3}を超えないものとする能力を有するものでなければならない（7条2項）。

　ウ　石綿を取り扱う作業場への関係者以外の者が立ち入ることを禁止し、かつ、その旨を見やすい箇所に表示しなければならない（24条）。

　エ　石綿を運搬し、又は貯蔵するときは、堅固な容器を使用し、又は確実な包装をしなければならず、また、当該物質の名称、取扱い上の注意事項を表示しなければならない（2条）。

　オ　局所排気装置を、1年以内ごとに1回、定期に自主点検を行わなければならない（30条1項、29条1項1号、5条1項）。

　カ　石綿を取り扱う屋内作業場において、6月以内ごとに1回、定期に石綿の空中濃度を測定しなければならない（36条1項、安衛令21条7号、別表第三第3号の2）。

キ 石綿を取り扱う作業場には、石綿粉じんを吸入することによる労働者の健康障害を予防するために必要な呼吸用保護具を備えなければならず（43条）、同保護具については、同時に就業する労働者の人数と同数以上を備え、常時有効かつ清潔に保持しなければならない（45条）。

6 昭和50年改正安衛令、改正安衛則、改正特化則

改正安衛令は、一部を除き昭和50年4月1日に施行され、改正安衛則は一部を除き、昭和50年3月22日に施行され、改正特化則は、一部を除き昭和50年10月1日に施行された。

（1）特別の管理義務

石綿を、所定事項の掲示や作業記録等の特別の管理を必要とする特別管理物質と定めた（改正特化則38条の3、38条の4、改正安衛令別表第三第2号4）。

（2）石綿吹付け作業の原則禁止

事業者は、石綿及び石綿含有量が重量の5％を超える石綿含有製材の吹付け作業を原則として禁止した。但し、①吹付けに用いる石綿等を容器に入れ、容器から取り出し、又は混合する作業場所は、建築作業に従事する労働者の汚染を防止するために、当該労働者の作業場所と隔離された屋内の作業場所とし、②当該吹付け作業に従事する労働者に送気マスク又は空気呼吸器及び保護具を使用させる措置を講じたときは、建築物の柱等として使用されている鉄骨等への石綿等の吹付け作業に労働者を従事させることができることとした（改正特化則38条の7）。

（3）代替化の努力義務

事業者は、石綿による労働者のがん等の健康被害を予防するため、代替物の使用等必要な措置を講じ、石綿に曝露される労働者の人数、労働者が曝露される期間及び程度を最小限度にするよう努めなければならないものとした（改正特化則1条）。

（4）容器への警告表示の義務付け

　安衛法 57 条による容器への警告表示義務の対象に、石綿及び石綿含有量が重量の 5％を超える石綿含有製剤が加えられた（改正安衛令 18 条の 2 号の 2、18 条 39 号、改正安衛則 30 条、別表第二第 2 号の 2）。石綿及び石綿含有製剤については、名称、成分及びその含有量、人体に及ぼす作用、貯蔵又は取扱上の注意の表示（安衛法 57 条 1 号〜4 号）のほか、当該表示をする者の氏名（法人にあっては名称）及び住所の表示が義務付けられた（同条 5 号、安衛則 34 条）。

（5）湿潤化の義務付け

　事業者は、①石綿及び石綿含有量が重量の 5％を超える石綿含有製材の切断、せん孔、研ま等の作業、②石綿等を塗布し、注入し、又は張り付けた物の破砕、解体等、③粉状の石綿等を容器に入れ、又は容器から取り出す作業、④粉状の石綿等を混合する作業に労働者を従事するときは、それが著しく困難なときを除き、石綿等を湿潤な状態のものとしなければならないとされた（改正特化則 38 条の 8 第 1 項）。

（6）掲示義務

　事業者は、石綿を取り扱う作業場において、①特別管理物質（石綿）の名称、②石綿の人体に及ぼす作用、③石綿取扱い上の注意事項、④使用すべき保護具を、作業に従事する労働者が見やすい箇所に掲示しなければならないとされた（改正特化則 38 条の 3）。

7　昭和 51 年 5 月 22 日通達の発出

　労働省の労働基準局長は、「石綿粉じんによる健康障害予防対策の推進について」（昭和 51 年基発 408 号）を発出し、石綿粉じんによる健康障害予防措置の徹底を図った。その内容は、以下のとおりである。
（1）関係事業場及び石綿取扱者の把握
（2）石綿の代替措置の促進
（3）空気中における石綿粉じんの抑制
（4）呼吸用保護具の使用
（5）石綿作業従事者の喫煙について

8　昭和61年9月6日付通達

　労働省労働基準局安全衛生部長は、「建築物の解体又は改修の工事における労働者の石綿粉じん曝露防止措置等について」(基安発第34号、同号の2)を発出した。内容は以下の(1)～(6)のとおりである。
(1) 建築物の解体等の工事の元方事業者は、当該工事の対象となる建築物について、石綿等が使用されている箇所及び使用の状況を事前に把握すること。
(2) 元方事業者は、石綿等が使用されている箇所を関係請負人に知らせるとともに、石綿等の破砕、解体等に関する適切な作業方法等について指導すること。
(3) 石綿等の破砕、解体等を行う場合には、当該箇所及びその周辺の湿潤化のために十分な散水ができるように必要な水圧の水源、適切なノズルを備えた散水のための設備を設け、適切に散水を行うこと。
(4) 石綿等の破砕、解体等により生じる石綿等の廃棄物については、石綿が乾燥しないよう散水を行って湿潤な状態に保つこと、発じん防止用の薬液を使用すること、できるだけ早く丈夫な容器又は袋に入れること等により、二次的な発じんの防止に努めること。
(5) 解体等を行う場所については、必要に応じ、ビニールシート等を用いて石綿粉じんを他の場所への飛散を防止すること。
(6) 石綿等の取扱い作業者には、防じんマスク(国家検定品)を使用させること。この場合において、当該防じんマスクの選定に当たっては、顔面への密着性が良好なものを選ぶこと。なお、粉じんの発生が著しい場合には、送気マスクの着用が望ましいこと。

9　昭和63年3月30日通達

　労働省労働基準局長は、昭和63年3月30日に、「石綿除去作業、石綿を含有する建設用資材の加工等の作業等における石綿粉じん曝露防止対策の推進について」(昭和63年基発第200号)を発出した。
　健康障害防止対策の推進のために、次の(1)～(4)の石綿粉じん曝露防止対策を一層推進させることにした。

（1）対象作業
①建築物の解体、改修等の工事における石綿等の除去、封じ込め等の作業
②建築物の建設、改修等の工事における石綿を含有する石綿スレート、石綿セメント板その他の建設用資材の加工等の作業
③ボイラー、熱交換機等の設備の解体、修理等の工事における石綿を含有する断熱材等の除去等の作業

（2）基本的な対策
①作業現場の把握及び発注機関との連携
②関係事業者団体に対する指導援助

（3）作業別の対策
①建築物の解体、改修等の工事における石綿等の除去、封じ込め等の作業
次の事項等の遵守の徹底
　a 石綿等の使用箇所及び使用状況び事前把握及び作業者に対する周知
　b 石綿等の破砕、解体作業時における当該箇所及びその周囲の湿潤化
　c 石綿粉じんの発散防止
　d 防じんマスク等の使用
②建築物の建設・改修等の工事における石綿を含有する石綿スレート、石綿セメント板その他の建設用資材の加工等の作業
次の事項の遵守の徹底
　a 石綿が含有されていることの表示の有無の確認
　b 石綿が含有されていること等の労働者への周知
　c 防じんマスク及び移動式局所排気装置の使用又は局所排気装置が設置されている作業現場における石綿を含有する資材の事前の加工の励行
③ボイラー、熱交換器等の設備の解体、修理等の工事における石綿を含有する断熱材等の除去等の作業
次の事項を遵守
　a 当該工事の開始前に石綿使用の有無の確認を行うこと
　b 湿潤な状態で作業するともに、当該作業を行う者に防じんマスク等を使用させること

（４）その他の対策
　労働省において、石綿を含有する建設用資材の製造者の団体に対して、安衛法57条の表示等の徹底につき指導を行っており、また、流通段階における適切な表示を確保するため包装のみならず個々の製品に表示を行うよう指導しているところであるが、各都道府県の労働基準局においても、管内の製造業者に対してそのような指導を行うこと。

10　平成4年通達

　労働省労働基準局長は、平成4年1月1日に、「石綿含有建築材料の施工作業における石綿粉じん曝露防止対策の推進について」（平成4年基発第1号）を発出した。
　建設業者に対して、（１）～（３）の石綿粉じん対策をより徹底するような措置を講じるものとした。

（１）曝露防止のための対策等
a　電動丸のこによる石綿含有建材の切断等の作業において、散水等の措置により湿潤な状態で作業を行う以外の場合には、作業が極めて短時間である場合等にはダストボックス付の電動丸のこを使用し、そうでないときには、除じん装置付の電動丸のこを使用することとし、併せて防じんマスクを使用すること。
b　切断作業中は、着用者の顔面に合った適切な防じんマスク等の呼吸用保護具を使用すること。
c　建築現場での切断作業を少なくするために、建材メーカー、建築工事の設計者、施工者等の協力を得て、建材は予めメーカー等で所定の形状に切断しておく方法（プレカット）を採用することが望ましいこと。

（２）石綿建材の識別
　安衛法57条による石綿製品の包装等への表示や、個々の石綿製品ごとに押印又は刻印されている石綿業界による自主表示「ａ」マークにより、石綿含有建材であることを識別できることを周知徹底すること。

（3）安全衛生教育の推進

特別教育に準じた教育として、石綿含有建材の施工業務従事者に対する労働衛生教育実施要領を、事業者をはじめ安全衛生団体等に周知するとともに、当該教育の推進について指導・援助すること。

11　平成7年安衛令、安衛則、特化則の改正

改正安衛令は平成7年1月25日に公布され、平成7年4月1日に施行された。

安衛令改正16条1項において、アモサイト、クロシドライト並びに重量1％を超えてこれらを含有する製剤の製造、使用等が禁止された。また、改正安衛則、改正特化則（平成7年1月26日公布、同年4月1日施行）において、安衛則及び特化則の規制対象となる石綿（アモサイト及びクロシドライトを除く）含有製剤が重量の5％を超えるものから同じく1％を超えるものに変更された（安衛則別表第二、特化則別表第一）。

また、改正特化則の変更は次のとおりである。

事業者は、①石綿等の切断、穿孔、研磨等の作業、②石綿等を塗布し、注入し、又は張り付けた物の破砕、解体の作業、③粉状の石綿等を容器に入れ、又は容器から取り出す作業、④粉状の石綿等を混合する作業に労働者を従事させるときは、当該労働者に呼吸用保護具を使用させねばならず（改正特化則38条の9第1項）、事業者からの呼吸用保護具の使用を命じられた労働者はこれを使用しなければならないとされた（同条3項）。

さらに、事業者は、①建築物の解体等の作業を行うときは、あらかじめ、石綿等の使用箇所及び使用状況を調査・記録しておかねばならず（38条の10）、②柱等として使用されている鉄骨等に石綿が吹き付けられていた建築物の解体等の作業を行う場合において、当該石綿等の除去作業に労働者を従事させるときは、当該除去作業を行う作業場所を隔離しなければならないと定められた。

12　平成15年安衛令の改正

平成16年10月1日施行（平成15年10月16日公布）の安衛令の改正で、石綿（アモサイト及びクロシドライトを除く）を含有する石綿セメント円筒、

押出成形セメント板、住宅屋根用化粧スレート、繊維強化セメント板、窯業系サイディング等で、その含有する石綿の重量が当該製品の重量の1％を超えるものの製造、使用等が禁止された（16条1項9号）。

13 石綿則の制定

　石綿障害予防規則が制定され（平成17年2月24日公布、平成17年7月1日施行）、石綿による労働者の肺がん、中皮腫その他の健康被害を予防するため、事業者に対し、必要な措置を講じて、石綿粉じんに曝露される労働者の人数並びに労働者が曝露される期間及び程度を最小限度にするとともに、石綿を含有しない製品へ代替するように努めることを求めた（1条）。

　また、石綿則は平成18年に改正され（平成18年8月2日公布、平成18年9月1日施行）、建築物又は工作物の解体、破砕等の作業に加え、吹付け石綿等の封じ込め又は囲い込みの作業についても、事前調査（3条1項2号）、作業計画の作成（4条1項2号）、作業の労基署長への届出（5条1項2号）、特別教育（27条1項）などが義務付けられた。

14 安衛令の改正

　改正安衛令（平成18年8月2日公布、平成18年9月1日施行）において、石綿及び石綿をその重量の0.1％を超えて含有する石綿含有製品につき、安衛法55条により製造・使用が禁止された（16条1項4号、9号）。

15 建築関係法令関係

　建築基準法は、建築物の敷地、構造、設備及び用途に関する最低の基準を決めて、国民の生命、健康及び財産の保護を図り、もって公共の福祉の増進に資することを目的とする（1条）。

（1）不燃材料

　建築基準法は、制定当初（昭和25年11月23日施行）、不燃材料として「コ

ンクリート、れんが、瓦、石綿板、鉄鋼、アルミニューム、ガラス、モルタル、しっくいその他これらに類する不燃性の建築材料」と定めた（2条9号）。

　昭和45年の改正建築基準法（昭和46年1月1日施行）では、不燃材料につき、「コンクリート、れんが、瓦、石綿スレート、鉄鋼、アルミニューム、ガラス、モルタル、しっくいその他これらに類する建築材料で政令に定める不燃性を有するもの」と定められ（2条9号）、改正後の建築基準法施行令（昭和46年1月1日施行）において、不燃材料につき、建設大臣が所定の不燃性能を有すると認めて指定するものと定められた（108条の2）。

　建設大臣は、平成16年国土交通省告示1178号で、前通達（平成12年建設省告示1400号）を改正し、石綿スレートを不燃材料から除外した。

（2）耐火構造

　建築基準法は、当初、耐火構造につき「鉄筋コンクリート造、れんが造等の構造で政令で定める耐火性能を有するもの」と定め（2条7号）と定めていたが、耐火性能を有するものを建設大臣が、建築法施行令で指定するものとされた。そして、昭和39年の耐火構造の指定告示で、はり、柱につき石綿吹付けを行ったもの、外壁（非耐力壁）につき、石綿スレートの張ったものを耐火構造として指定した。

　昭和62年告示により、昭和39年告示を改正し、はり及び柱につき、石綿吹付けを行ったものを耐火構造から除外した。

（3）準耐火構造

　平成4年改正後の建築基準法は準耐火構造に関する規定を新設し、建設大臣が準耐火構造の指定をするものとし、平成5年、外壁につき石綿スレート等を張ったものを準耐火構造と指定した。さらに、平成12年告示に、間仕切り壁、外壁、屋根及び階段につき、石綿スレート等を張ったものを準耐火構造として定めた。

　平成16年告示で、平成12年告示を改正し、間仕切り壁、外壁、屋根、階段につき石綿スレート等を張ったものを準耐火構造の構造方法から除外した。

（4）防火構造

　建築基準法は、制定当初において、防火構造につき「鉄網モルタル塗、しっくい塗等の構造で、政令で定める防火性能を有するもの」と定め、これを受け、建築基準法施行令108条1項1号～6号で防火構造が定められたほか、同項7号において、建設大臣が国家消防庁長官の意見を聞いてこれらと同等以上の防火性能を有するものと認めて指定するものとされた。昭和34年建築基準法施行令は、屋根につき石綿スレートで葺いたものを防火構造と認め（108条3号）、昭和39年改正後の建築基準法施行令は、間柱若しくは下地を不燃材料以外の材料で造った壁、根太若しくは下地を不燃材料以外の材料で造った床又は軒裏につき、石綿スレート等を張ったものを防火構造に加えた（108条2号）。

　平成10年改正の建築基準法は、外壁及び軒裏につき、平成12年告示により、石綿スレート等を張ったものを防火構造の構造方法として定めた。平成16年告示により平成12年告示を改正し、外壁及び軒裏につき、石綿スレート等を張ったものを防火構造の構造方法から除外した。

（参考）
＊1　建築基準法90条1項、2項に基づく責任

　　なお、アスベスト訴訟の中では、建築基準法90条1項、2項に基づき、国は、作業従事者のアスベスト粉じんによる曝露被害を防止するための必要な措置を講じなければならない旨の主張もなされることもあるが、認められた判決はない。

　　1項・・・工作物の倒壊等による危害を防止するための必要な措置を講じる。

　　2項・・・措置の技術的基準は政令で定める。

＊＊2　毒物・劇物取締法に基づく規制

　　なお、アスベスト訴訟の中では、国は、アスベストを劇物として指定すべきであったという主張もなされているが、判決の中では、劇物に指定しなかったことを許容される限度を逸脱して著しく合理性を欠くものであったと認めることはできないとして、違法と判断した判決はない。

第1編　石綿（アスベスト）基礎編

第7章　防じんマスク、局所排気装置、石綿粉じんの濃度基準、警告表示に関する規制

　ここでは、アスベスト関連疾患罹患防止のために、使用者（事業者）が実施すべきであったと主張される、①防じんマスクの着用、②局所排気装置、③石綿粉じんの濃度基準、④警告表示規制のそれぞれに関して、行政がどのように指導や規制を行ってきたのかを紹介する。

1　防じんマスクに関する規制

（1）旧安衛則（昭和22年）の181条において、粉じんを発散し、衛生上有害な場所における業務について、その作業する労働者に使用させるために、呼吸用保護具を備えなければならないと定め、改正旧安衛則（昭和24年）にはその備えるべき保護具につき、労働大臣が規格を定めるものとされた（183条の2）。その検定については、労働衛生保護具検定規則（昭和25年労働省令第32号、昭和25年12月26日公布、同日施行）により労働大臣が別に定める規格に基づき、行うものとされた。その仕組みは、安衛法、安衛令にも受け継がれている（安衛法42条、44条、安衛令13条5号、14条）。

（2）昭和26年通達（昭和26年基発第24号「防じんマスクの規格の制定及び検定の実施について」）は、石綿粉じんを飛散する場所における作業について、作業場における空気中の粉じん数量が$1\,cm^3$中1000個以上の場合は第一種マスクを、$1\,cm^3$ 3500個以上の場合は第2種マスクをそれぞれ使用すべきものとした。

（3）昭和30年告示（昭和30年労働省告示「防じんマスクの規格」）は、防じんマスクを高濃度粉じん用マスク（H）と低濃度粉じん用マスク（L）に分類し、それぞれにつき、更に、ろ過材を水に濡らして用いるマスクと水に濡らさないで用いるマスクとに分け、吸気抵抗及びろじん効率の適合基準に応じて1種から4種までの種別を設けた上、ろじん効率につ

き、1種が95％以上、2種が90％以上、3種が75％以上、4種が60％以上とした。これを受け、労働省の通達（「防じんマスクの規格の制定及びそれに伴う労働衛生保護具検定規則の一部改正について」昭和30年基発第49号）は、石綿粉じんにつき、作業場における空気中の粉じん量、主作業の強度（代謝率）に応じてマスクの種類・種別を選択すべきものとした。

（4）「防じんマスクの規格」（昭和37年労働省告示第26号）が昭和37年6月1日から適用されたことに伴い、従来の昭和30年告示の規格は廃止された。
新規格においては、防じんマスクが形状に応じて、隔離式防じんマスクと直結式防じんマスクに区分され、それぞれについて、重量、圧力差、粉じん捕集効率に応じて等級が分けられ、粉じん捕集効率は、特級が99％以上、1級が95％以上、2級が80％以上とされた。

（5）「防じんマスクの規格」（昭和58年労働省告示第84号）が昭和59年1月1日から適用されたことに伴い、従前の昭和37年の規格は廃止された。新企画においては、従前の等級区分が廃止されるとともに、吸気弁がない防じんマスクやろ過材の取り替えができない防じんマスクを許容しないこと、粉じん捕集効率を95％以上とすることが定められた。

（6）「防じんマスクの規格」（昭和63年労働省告示第19号）が昭和63年4月1日から適用されたことに伴い、従前の昭和58年の規格は廃止された。新規格においては、簡易防じんマスクその他の吸気弁を有しない防じんマスクを「使い捨て式防じんマスク」として許容すること、粉じん捕集効率を95％以上とすることが定められた。

2 局所排気装置に関する規制の経過

（1）昭和43年通達（昭和43年基発609号「じん肺法に規定する粉じん作業に係る労働安全衛生規則第173条の適用について」は、①石綿をとき

ほぐし、合剤し、吹付け、梳綿し、紡織する作業を行う作業場、②石綿製品を切断し、研ますする作業を行う作業場を、それぞれ旧安衛則173条により局所排気装置による措置を講じる必要のある作業場と定めた。

（2）昭和46年通達（昭和46年1月5日付基発第1号「石綿取扱い事業場の環境改善について」）において、①石綿取扱い作業に関し、石綿肺の予防のため、旧安衛則173条に基づいて局所排気装置の設置を促進してきた旨、②石綿粉じんを多量に吸入するときは、石綿肺のほか、肺がんを発症することもあることが判明し、特殊な石綿によって胸膜等に中皮腫が発生するとの説も生まれてきた旨、③他方で、石綿は耐熱性、電気絶縁性等が高いという特性のためその需要は急速に増加している旨を指摘した上で、石綿による上記疾病を予防するため、次のⅰ～ⅲに留意して監督指導を行うように指示した。

ⅰ 昭和43年基発第609号の①～③に定めるもの以外の石綿取扱い作業についても、技術的に可能な限り、局所排気装置を設置させること。

ⅱ 作業場内における石綿粉じんの飛散を極力減少させるため、既存の局所排気装置についてもその性能の向上に努めさせること。

ⅲ 局所排気装置には、ろ布式除じん装置等の除じん装置を併せ設置させること。

3　石綿の濃度基準に関する規制の経過

（1）抑制濃度

労働省は、石綿に関する局所排気装置に係る抑制濃度について、昭和46年労働省告示第27号で、2ｍｇ／ｍ^3（33本／ｃｍ^{3}に相当）を超えないものと定めた。

昭和48年7月11日付「特定化学物質等障害予防規則に係る有害物質（石綿およびコールタール）の作業環境気中濃度の測定について」（昭和48年基発407号）は、最近石綿が肺がん及び中皮腫等の悪性新生物を発生させることが明らかになったこと等により、各国の規制においても気中石綿粉じん濃度を抑

制する措置が強化されつつあること等により、当面、石綿粉じんの局所排気装置の抑制濃度を、5μm以上の石綿繊維で5本／cm^3（約0.3mg／m^3）とするよう指導することとした。

　その後、昭和50年労働省告示75号により、昭和46年告示を改正して、抑制濃度を5μm以上の石綿繊維5本／m^{3}に改めた。

（2）環気中石綿粉じん濃度

　労働省は、昭和51年通達（「石綿粉じんによる健康障害予防対策の推進について」（昭和51年基発408号）により、環気中石綿粉じん濃度について、当面、2本／cm^3（クロシドライトにあっては0.2／cm^3）以下の目途とするよう指導した。

（3）管理濃度

①昭和59年、労働省労働基準局長は、「作業場の気中有害物質の濃度管理基準に関する専門家会議」による作業環境の評価方法等に関する検討結果を踏まえ、「作業環境評価に基づく作業環境管理の推進について」（昭和59年基発第69号）を発出した。そこでは、作業環境管理の要領を示すとともに、局所排気装置についての抑制濃度とは別に、管理濃度（作業環境管理を進める過程で、有害物質に関する作業環境の状態を評価するために、作業環境測定基準に従って単位作業場所について実施した測定結果から、当該単位作業場所の作業環境管理の良否を判断する際の管理区分を決定するための指標）による規制を導入することにし、石綿の管理濃度については2本／cm^{3}と定められた。

②昭和63年改正の安衛法65条の2に基づき定められた「作業環境評価基準」（昭和63年労働省告示第79号）において、（1）の内容が定められ、石綿の管理濃度は、5μ以上の繊維として2本／cm^3（クロシドライトにあっては0.2本／cm^3）とされた。その後、平成16年通達による「作業環境評価基準」の一部改正（平成16年厚生労働省告示第369号）により、5μm以上の繊維として0.15本／cm^{3}とされた。

③平成18年、厚生労働省労働基準局長は、「屋外作業場等における作業環境

管理に関するガイドラインについて」（平成18年基発0811002号）において、屋外作業場については、屋内作業場等と同様に有害物質等への曝露による健康被害の発生が認められるものの、屋外作業場等に対応した作業環境の測定の結果の評価手法が確立されていないことから、適切な作業環境管理が行われていない状況にあったとして、屋外作業場等における作業環境の測定方法等を示したところ、石綿の管理濃度について、5μm以上の繊維として、0.15本／cm^{3}とされた。

4 警告表示義務に関する規制の経過

　昭和50年改正安衛令、改正安衛則により、安衛法57条による容器への警告表示義務の対象に、石綿及び石綿含有量が重量の5％を超える石綿含有製剤が加えられたところ、同計画の具体的内容につき、昭和50年3月27日付「労働安全衛生法第57条に基づく表示の具体的記載方法について」（基発170号）は、名称、成分、含有量、表示者の氏名又は名称及び住所に加え、注意事項として次の内容を記載すべきこととした。

　多量に粉じんを吸入すると健康をそこなうおそれがありますから、下記の注意事項を守って下さい。

1．粉じんが発散する屋内の取扱い作業場所には、局所排気装置を設けて下さい。
2．取扱い中は、必要に応じて防じんマスクを着用して下さい。
3．取扱い後は、うがい及び手洗いを励行して下さい。
4．作業衣等に付着した場合は、よく落として下さい。
5．一定の場所を定めて貯蔵して下さい。

第8章　石綿障害予防規則の内容

　石綿障害予防規則は平成17年7月1日に施行された。

　その契機は、クボタの旧神崎工場（尼崎市在）の健康被害実態の発表である。それまでは石綿に対する規制も「特定化学物質等障害予防規則」（以下「特化則」という）に基づいて行われていたが、石綿については特別な対応が必要であることから、独立して規制するために「石綿障害予防規則」が制定されたのである。

　この規則1条には、事業者の責務として石綿による健康被害の予防のために作業方法の確立、関係施設の改善、作業環境の整備、健康管理の徹底などの実情に即した適切な対策を講じるとともに、石綿に曝露する労働者数、曝露する期間、程度を最小限にするように努めなければならないと規定したのである。

　以下具体的な規制の内容を簡潔に紹介する。

1　事前調査と作業計画の立案

　建築物または工作物の解体、破砕、除去作業を行うときには、目視、設計図書等による事前調査を行い結果を記録し（3条）、石綿による健康被害を防止するために作業計画を立ててその計画に従って作業を行わなくてならない（4条）。

　具体的には石綿等が使われている建築物、工作物の解体等の作業を行うとき壁、柱、天井などに石綿等の使用されている保温材、耐火被覆材などが張り付けられた建築物、工作物の解体などの作業の際に作業計画を立てて計画的に作業させなくてはならない。

2　作業の届出、除去作業の場合の隔離、立入り禁止

そして、5条ないし7条で次のような義務が定められている。

```
5条　所轄労働基準監督署長への作業の届出
6条　除去作業の場合の作業場所をそれ以外の作業場所からの隔離
7条　・他の労働者の立ち入り禁止、表示
　　　・特定元方事業者の他の関係請負人に対する作業実施の通知
　　　　と作業時間帯の調整等の必要な措置
```

(参考)
＊5条の届出の項目については、「①壁、柱、天井等に石綿が使用されている保温材、耐火被覆材（耐火性能を有する被覆材をいう）等（以下「保温材、耐火被覆材等」をいう）が張り付けられた建築物、工作物または船舶の解体等の作業（石綿粉じんを著しく発散するおそれがあるものに限る）を行う場合における当該保温材、耐火被覆材等を除去する作業、②石綿則第10条第1項の規定による石綿等の封じ込めまたは囲い込みの作業（保温材、耐火被覆材等の封じ込めまたは囲い込みの作業にあっては、石綿等の粉じんを著しく発散するおそれがあるものに限る）、③前2号に掲げる作業に類する作業」と定められている。

3　その他の措置・義務

（1）解体等の発注者の義務
　8条　注文者の仕事の請負人に石綿等の使用状況を通知する努力義務
　9条　石綿等の使用の有無の調査、建築物・工作物の解体等の作業などの方法、費用、工期について法や命令の遵守を妨げるおそれのある条件を付さないよう配慮する義務

（2）石綿等の吹き付けられた建築物等における業務に係る措置
　10条　建築物の壁、柱、天井等に吹き付けられた石綿等が損傷、劣化等によりその粉じんを発生させ、及び労働者がその粉じんに曝露するおそれがあるときは石綿の除去、封じ込め、囲い込み等の措置を講じる義務

（11条は削除されている）

　12条　石綿等の粉じんが発散する屋内作業場において粉じんの発生を密閉する設備、局所排気装置、プッシュプル型換気装置の設置するべき義務但し、設置が著しく困難な場合は、全体換気装置、湿潤な状態にするなどの措置を講じる義務

　13条　次の石綿等の切断等の作業の場合に、石綿を湿潤化する義務

- 石綿等の切断、穿孔、研磨等の作業
- 石綿等の塗布、注入、張り付けた物の解体など
- 粉状の石綿等を容器に入れ、又は、容器から取り出す作業
- 粉状の石綿等を混合する作業
- 上記の作業において発散した石綿等の粉じん掃除の作業
- 切りくず等を入れるためのふたのある容器の備付義務

14条 石綿の切断作業に、呼吸保護具を使用させる義務、作業衣を着用するべき義務、労働者の保護具・作業衣の使用義務

15条 石綿等を製造し、取り扱う事業場において、関係者以外立ち入り禁止し、その旨を表示すべき義務

（3）設備の性能を確保する義務

16条 局所排気装置、プッシュプル型換気装置の要件
　　　フード、ダクト、排気口その他の性能

17条 石綿等の作業が行われている場合の局所排気装置、プッシュプル型換気装置の稼働義務

18条 局所排気装置、プッシュプル型換気装置についての除じん方式と同等以上の性能を有する除じん装置の設置義務

（4）石綿等の製造または取り扱う業務における管理

19条 石綿作業主任者の選任
　　　石綿作業主任者技能講習の修了の必要性

20条 石綿作業主任者の職務内容
　　　①石綿等の粉じんにより汚染され、吸入しないよう作業方法の決定、労働者を指揮すること
　　　②局所排気装置、プッシュプル型換気装置、除じん装置等の1か月以

　　　　内の期間ごとの点検
　　　③保護具の使用状況の監視

（5）定期自主検査の実施義務
　21条、22条、23条　局所排気装置、プッシュプル型換気装置、除じん装
　　　　　　　　　　置の定期自主検査、検査記録の作成・保存
　24条、25条　局所排気装置、プッシュプル型換気装置、除じん装置の点検
　　　　　　　と点検記録の作成・保存、保管
　26条　定期自主検査及び点検の結果が異常の場合の補修その他の措置

（6）特別教育
　27条　労働者に対する特別教育
　　　・石綿等の有害性
　　　・石綿等の使用状況
　　　・石綿等の粉じんの発散を抑制するための装置
　　　・保護具の使用状況
　　　・その他

（7）休憩室の設置、衛生、清掃
　28条　石綿等を常時製造し、取り扱う業務に従事する場合には休憩室の設置
　　　　義務
　29条　床の構造を水洗などにより容易に掃除できる構造
　30条　毎日1回以上水洗い等の掃除の実施
　31条　洗眼、洗身、うがい、更衣、洗濯設備の設置
　32条　石綿の運搬貯蔵のとき堅固な容器を使用し、確実な包装
　32条の2　付着物の除去
　33条　作業場での喫煙、飲食の禁止

（8）掲示－石綿等の取扱い、試験研究するための製造する事業場
　34条　掲示
　　　　①作業場での石綿製造・取り扱うことの掲示

　　　　②石綿等の人体に及ぼす作用
　　　　③石綿等の取扱い上の注意事項
　　　　④使用すべき保護具

（9）作業の記録
　35条　30年間の作業記録の保管
　　　　①労働者の氏名
　　　　②従事した作業の概要、作業に従事した期間
　　　　③周辺作業の作業の概要、従事した期間
　　　　④石綿等粉じんによる汚染の概要と応急の措置

（10）作業場の測定
　36条　石綿等の製造・取扱いが常時行われている屋内作業場では、6か月以内ごとに1回、空気中の濃度の測定、30年間の記録保管

　37条　測定の評価（作業環境の管理状態に応じて第1、第2、第3管理区分に区分）

　38条　第3管理区分に区分された場所について
　　　　施設、設備、作業工程、作業方法の点検、施設・設備の設置又は整備、作業方法の改善、濃度測定による結果の評価、呼吸用保護具の使用と健康診断の実施などの労働者の健康確保のための措置

　39条　第2管理区分に区分された場所について
　　　　施設、設備、作業工程又は作業方法の点検、施設・設備の設置又は整備、作業工程・作業方法の改善その他作業環境の改善のための措置

（11）健康診断
　40条　健康診断の実施
　　　　石綿等の取り扱う業務、石綿等を試験研究のために製造使用する業務に常時従事する労働者

①雇入れ、配置換えの際、その後6か月以内ごとに1回定期に行う
　ⅰ 業務の経歴の調査
　ⅱ 石綿によるせき、たん、息切れ、胸痛等の他覚症状又は自覚症状の既往症の有無
　ⅲ せき、たん、息切れ、胸痛等の他覚症状の有無の検査
　ⅳ 胸部のX線直接撮影による検査

②過去においてその事業場で石綿を製造し、又は取り扱う業務に従事したことのある者で現に使用している者に、6か月以内ごとに1回、定期に①と同様の検査

③①、②の健康診断の結果他覚症状が認められる者、自覚症状を訴える者で医師が必要と認める者
　ⅰ 作業条件の調査
　ⅱ 特殊なX線撮影による検査、喀痰の細胞診、気管支鏡検査

41条　健康診断結果の記録
　　　40年間の保管

42条　医師からの意見聴取と個人票への記載

42条の2　健康診断を受診した労働者に対して健康診断の結果の通知

43条　石綿健康診断結果報告書の所轄労働基準監督署長への報告

(12) 保護具

44条　呼吸用保護具の備付

45条　保護具の数の十分さ、有効かつ清潔に保持

46条　保護等の管理

(13) 製造許可

47条　製造禁止石綿の解除手続
　　　　製造等禁止石綿等を試験研究のために製造し、輸入し、使用する場合

48条　製造等禁止石綿等を試験研究のため製造するときの設備規準等

(14) 石綿作業主任者技能講習

48条の2　学科試験その他

(15) 報　告

49条　石綿等の製造、取り扱う事業者が事業を廃止する場合
　　　　石綿関係記録等報告書に、①作業記録（35条）、②測定記録（36条）、③石綿健康診断個人票（41条）を添えて所轄労働基準監督署長への届出

（参照）

＊石綿を取り扱った事業場では、曝露した者の健康管理に万全を期するためには、その記録を活用することが必要であり、このため、所定の記録の保存期間は40年とされ、その記録が散逸しないように、事業を廃止しようとするときは、所轄労働基準監督署長に届出が必要である。

　作業記録には、①労働者の氏名、②石綿等を取扱い、または試験研究のため製造する作業に従事した労働者にあっては、従事した作業の概要及び当該作業に従事した期間、③石綿の取扱いまたは試験研究のため製造に伴い石綿の粉じんを発生する場所における作業（「周辺作業」）に従事した労働者（「周辺作業従事者」）については、当該場所において他の労働者が従事した石綿等を取扱い、または試験研究のため製造する作業の概要及び当該周辺作業従事者が周辺作業に従事した期間、④石綿等の粉じんにより著しく汚染される事態が生じたときは、その概要および事業者が講じた応急の措置の概要を記載する。

　測定記録には、6か月以内ごとに1回、定期に、石綿の空気中における濃度を測定し、その都度次の事項を記録し、これを40年間保存しなければならないとされる。記載する内容は、ⅰ測定日時、ⅱ測定方法、ⅲ測定箇所、ⅳ測定条件、ⅴ測定結果、ⅵ測定を実施した者の氏名、ⅶ測定結果に基づいて当該石綿による労働者の健康障害の予防措

置を講じたときは、その当該措置、である。

　石綿健康診断個人票は、石綿則41条に定める健康診断個人票であり、石綿等の取扱いまたは試験研究のための製造に伴い石綿の粉じんを発散する場所における業務に常時従事する労働者に対し、雇入れまたは当該業務への配置替えの際およびその後の6か月以内ごとに1回、定期に、石綿健康診断を行い、その結果に基づき、石綿健康診断個人票を作成し、これを、当該労働者が当該事業場において常時当該業務に従事しないこととなった日から40年間保存しなければならないとされている。

第9章　石綿（アスベスト）対策の国際的比較

　石綿（アスベスト）関する有害性についてはかなり古くから指摘されていたが、アスベストはその耐火性、保温性、吸音性等に優れた素材として建物の壁部分の吹付けや建材などに広く用いられてきた。そのため、その使用についての規制も遅れており、より一層の被害が拡大した可能性もある。

　石綿の有害性の医学的な知見は、昭和35年、昭和47年等に比較的早期に認定されたものの、それに対してアスベストの使用の規制は、吹付けアスベスト（含有率5％超）の禁止が昭和50年（1975年）、クロシドライト、アモサイトの使用禁止が平成7年（1995年）、吹付けアスベスト（含有率1％超）の禁止が平成7年（1995年）、全面製造、使用禁止が平成18年（2006年）であり、あまりにも遅れていたといわざるを得ない。

　諸外国と比較しても日本のアスベスト使用の規制が遅れているようにみえるが、この点については、裁判例は、規制の遅延は違法とはいえないというものと、規制の遅延が違法であるといえるというものがあり（大阪建設アスベスト控訴審：大阪高裁平成30年9月20日判決）、意見の分かれるところである。個人的意見としては、アスベストの便利性、有用性故に、諸外国に比較しても規制が遅すぎたといわれざるを得ないと考える。

　なお、欧米諸国における石綿規制は、断片的ではあるが、以下のとおりである。

（1）イギリス・・・1986年1月以降、クロシドライト、アモサイトの含有製品の使用、供給とクロシドライト、アモサイトの輸入の全面禁止。

（2）ドイツ・・・1986年10月以降、クロシドライトとその含有製品等の製造が原則禁止。その他の石綿を含有する一部の製品の製造、使用、流通が禁止または制限された。1993年11月以降、石綿及びその含有製品等の製造及び使用が全面的に禁止された。当初は適用除外措置があったが、1999年、2014年にはクリソタイル含有物質の製造、使用の禁止に関する経過措置の大幅削除。

（3）フランス・・・1988 年にクロシドライトの使用が原則禁止。
1994 年にはアモサイトの使用等の禁止。1997 年 1 月以降、クリソタイルを含むすべての石綿の製造、加工、販売、輸入、輸出等の禁止。適用除外品があったが、2002 年 1 月には全面的な禁止。

（4）ＥＵ・・・1983 年にクロシドライトの販売、使用が原則として禁止。
1993 年 7 月にクロシドライト、アモサイトの販売、使用が全面的に禁止。2005 年 1 月までに、クリソタイルの販売、使用が全面禁止。

（5）アメリカ・・・1973 年に、吹付けアスベストの禁止。
1989 年に、環境保護庁により、殆どの石綿含有製品の製造、輸入、加工及び商業的流通を段階的に禁止していくことの規制。但し、現在までクロシドライト、アモサイトを含む石綿の使用は全面的には禁止されていない。

　後に紹介する裁判例（特に全国建設アスベスト事件）では、各判決において日本の規制が国際的にみて遅れているかにつき検討しているが、その判断のための外国の規制の資料が不十分で、かつ、資料の質量が同等でないために十分な検討がなされていないように思われる。外国の規制の内容を把握することは当然であるが、各国の規制内容はそれぞれの国の事情があるかもしれず、必ずしも外国の規制との比較という視点は正しい見方とはいえないかもしれない。

MEMO

第2編

石綿(アスベスト)関係訴訟

はじめに－石綿（アスベスト）関係の訴訟の実情

　平成17年6月のクボタショックの影響もあり、石綿（アスベスト）問題が契機となって、労災保険の業務上外の判断を争う行政取消訴訟と、国に対する国家賠償請求や企業の安全配慮義務違反を理由とする損害賠償請求事件が提起されるようになっている。

第1章　労災事件判決

　労災判決は行政取消訴訟に該当する。取消訴訟の数は多くないが、ここでは7件紹介することにする。そのうちの6件は石綿粉じんの曝露による肺がんの発症についての判断である。

事例1　相模原労基署長事件
（横浜地裁平成21年7月30日判決、労働判例992号11頁）

　原告Xは、昭和30年4月から複数の企業において、電気工として就労していたが、昭和62年3月に自ら電工会社を設立し代表取締役となっており平成13年5月に退任した。Xは代表取締役であったが平成6年11月から平成13年3月まで労災保険に特別加入していた。平成16年に原発性肺がんに罹患し、休業補償給付を請求した。初めの労働基準監督署長は、Xは、発症した当時所属していた事業場の労働者とは認められないとして、特別加入していた事業場を管轄する相模原労基署長に回送した。相模原労基署長は、本件疾病が業務に起因したものであることは認めたが、特別加入の給付基礎日額を元にして支給決定したため給付額が低く、Xは、労災保険法上の労働者性を備え、Xが最も石綿曝露を受けていた期間に着目して本件疾病の発症を認めた上で休業補償給付を行うべきであるとして、相模原労基署長の処分の取消を求めた。

　判決は、Xが昭和30年4月から昭和62年2月まで、労災保険法上の労働者性を備えていたことを認め、その労働者性を備えていた期間と、それ以降である昭和62年3月以降の非労働者期間とを比較し、労働者性の認められる期間は、相当量の石綿に曝露していたが、非労働者期間はその曝露量は顕著に少なかったと認められるとして、「Xは、労働者期間中に該当する期間における石綿曝露

により本件疾病を発症したと認めるのが相当であり、非労働者期間中については、仮に石綿に曝露していたとしても本件疾病の発症とその曝露との間には相当因果関係を認めることはできないというべきである。」として、「Xの労働者期間中の石綿曝露と本件疾病との因果関係が認められるから、労災保険給付の算定事由発生日が特別加入期間中であると認定し、特別加入期間に係る労災保険関係に基づく支給決定を行った本件処分は、その判断を誤ったものというべきである。」として、相模原労基署長の決定を取り消した。

 ポイント

・電気工
・労働者の期間と事業主期間（特別加入）
・原発性肺がん
・休業補償給付請求

事例2 木更津労基署長（新日鐵君津製鉄所）事件
（東京地裁平成24年2月23日判決、労働判例1048号85頁）

　被災者は、A社の君津製作所に勤務して、少なくとも昭和48年2月から昭和53年3月まで、昭和55年4月から昭和61年6月までの11年5か月間、石綿取扱い業務に従事していた。退職後の平成15年10月に肺上葉にがんが発見されたので入院して手術をしたが、その肺がんが石綿粉じんを曝露したことによるものとして休業補償給付の労災請求したところ、労基署長は業務外と判断したのでその取り消しを求めたのが本件である。

　判決は、石綿曝露による労災認定については平成18年認定基準と平成19年認定基準とがあるが、労基署長の判断が平成19年の認定基準にのっとって業務外と判断したのを受けて、「実質的には、肺がんの業務起因性を平成18年肺がん認定基準以上に絞り込む認定基準」と評価し、この19年認定基準は労働者の救済の範囲を狭めるものであり、合理性に疑問が残ると判断した。

　その上で、判決は、石綿粉じんの曝露時間が10年以上であれば、その労働者の肺組織内に職業上の石綿曝露の可能性が高いとされる程度の石綿小体又は石綿繊維の存在が認められる医学的所見が得られれば、肺がんを業務上疾病として認めるのが相当とし、労基署長の不支給決定を取り消した。

＜認定基準の内容＞

平成18年2月9日付基発 第0209001号 「石綿による疾病の認定について」	平成19年3月14日付基労補発 第0314001号 「石綿による肺がん事案の事務処理について」
石綿曝露労働者に発症した原発性肺がんであって、次のア又はイのいずれにも該当する場合には、労基法施行規則別表第1の2第7号7の業務上の疾病として取り扱う。 　ア　じん肺法に定める胸部X線写真の像が第1型以上である石綿肺の所見が得られていること。	認定基準では、肺がんの発症リスクを2倍に高める石綿曝露量として「乾燥肺重量1g当たり5000本以上」が示されているが、石綿曝露作業に10年以上従事した労働者の肺内には、「乾燥肺重量1g当たり5000本以上」と同水準の曝露量が想定されているところである。

イ 次の(ア)又は(イ)の医学的所見が得られ、かつ、石綿曝露作業への従事期間が10年以上あること。
(ア) 胸部X線検査、胸部CT検査等により、胸膜プラーク(胸膜肥厚斑)が認められること。
(イ) 肺内に石綿小体又は石綿繊維が認められること。

但し、(イ)に掲げる医学的知見が得られたもののうち、肺内の石綿小体または石綿繊維が一定数以上(乾燥肺重量1g当たり5000本以上の石綿小体若しくは200万本以上(5um超。2um超の場合は500万本以上)の石綿繊維又は気管支肺胞洗浄液1ml中5本以上の石綿小体)認められたものは、石綿曝露作業への従事期間が10年に満たなくとも要件を満たすものとして取り扱う。

従って、石綿小体に係る資料が提出され、乾燥肺重量1g当たり5000本を下回る場合には、「乾燥肺重量1g当たり5000本以上」と同水準の曝露とみることができるかどうか、という観点から、作業内容、頻度、曝露形態、石綿の種類、肺組織の採取部位等を勘案し、総合的に判断することが必要である。

このため、「乾燥肺重量1g当たり5000本以上」の基準に照らして、石綿小体数が明らかに少ない場合には、本省あて照会されたい。

ポイント

- 製鉄所勤務
- 11年5か月(10年以上)
- 肺がん
- 休業補償給付請求
- 18年認定基準と19年認定基準の対比
- 石綿小体又は石綿繊維の存在

事例3　神戸東労基署長（全日本検数協会）

事件（控訴審：大阪高裁平成25年2月12日判決（判例時報2188号143頁）、一審：神戸地裁平成24年3月22日判決（労働判例1049号5頁））

　被災者は、昭和36年6月に全日本検数協会に採用され、昭和36年6月20日から平成10年8月まで、神戸港等において、検数作業員として輸入貨物の検数作業に従事し、平成10年9月から平成13年3月までは検数作業員として雑貨貨物のコンテナバン詰め込み作業に従事していた。その後、平成13年11月から平成15年6月まで1年半ほど喫茶店店員として働いた後、平成15年6月に原発性肺腺がんと診断されて平成18年1月10日死亡した。労基署長は、本件の判断を労災の平成19年認定基準に基づいてその要件を満たさないと判断した。

　一審判決は、「ヘルシンキ基準及び平成18年報告書の知見に照らせば、石綿曝露作業に従事した労働者に発生した原発性肺がんに関する業務起因性は、肺がん発症のリスクを2倍以上に高める石綿曝露の有無によって判断するのが相当であるというべきである。」とし、「ヘルシンキ基準及び平成18年報告書に照らして検討すると、上記リスクを2倍以上に高める石綿曝露の指標として、石綿曝露作業に10年以上従事した場合については、石綿曝露があったことの所見として肺組織内に石綿小体又は石綿繊維が存在すれば足り、その数量については要件としない、平成18年認定基準の定める本件要件によることが相当である。」とし、他方、「19年認定基準が、業務起因性の認定要件として、「10年の曝露期間及び石綿曝露所見としての石綿小体等の医学的所見の存在」に加えて、一定数の石綿小体を要求することは、ヘルシンキ基準及び平成18年報告書の理解に反するものというべきである。」として平成19年通達の内容は合理性はないとして、被災者は石綿曝露作業に10年以上従事しており、その肺組織内に石綿小体に存在が認められるから、原発性肺腺がんの発症について、平成18年認定基準を満たすとして業務上の疾病であるとして、労基署長の判断を取り消した。

控訴審判決は、平成18年認定基準を妥当とし、平成19年認定基準は合理性はないと判断して、一審判決を支持した。その内容を紹介すると以下のとおりである。

　「以上によると、平成18年認定基準の定める要件（本件要件）中の「肺内に石綿小体又は石綿繊維が認められること」という要件は、「肺内に石綿小体又は石綿繊維が認められれば足り、その量的数値は問題としない。」という趣旨であると理解すべきであり、そのような理解の下に定立された原判決基準は相当である。」、「なお、平成19年認定基準では、「石綿曝露作業に10年以上従事した場合にも、石綿小体に係る資料が提出され、乾燥肺重量1ｇ当たり5000本を下回る場合には「乾燥肺重量1ｇ当たり5000本以上」と同水準の曝露とみることができるか、という観点から、作業内容、頻度、曝露形態、石綿の種類、肺組織の採取部位等を勘案し、総合的にみることが必要である。」とされているが・・・、これは平成18年度認定基準を上記趣旨と解する限り、平成18年認定基準とは異なる運用基準を示したものであるとみざるを得ない。

　そして、この運用基準が、平成18年通達が発出された後に新たに得られた医学的知見に基づき示されたものでないことは、Y（国）において、平成19年認定基準は、平成18年認定基準についての理解を明確化したものであると主張するだけで、そのような医学的知見について何ら主張、立証していないことからして、明らかであるから、本件検討会の結果を踏まえて発出された平成18年認定基準とは異なる運用基準を示した平成19年認定基準に合理性があるとは認めがたい。」

ポイント

- 港で輸入貨物の検数作業、貨物のコンテナバン詰め込み作業
- 作業期間計40年
- 原発性肺腺がん
- 遺族補償請求
- 平成19年認定基準の合理性なし
- 平成18年認定基準適用

事例4 足立労基署長（工務店）事件
（東京地裁平成 24 年 6 月 28 日判決、労働判例 1057 号 54 頁）

　被災者Aは、昭和 30 年 4 月からその父の経営していた工務店で大工の修行をはじめ、昭和 39 年から事業主となり、さらに昭和 44 年には有限会社を設立し代表取締役になり、平成 10 年 3 月末まで約 43 年間にわたり、木造住宅や鉄骨造り建物の新築、増改築工事等の業務に大工として従事し、長期間にわたり、石綿含有建材の加工、取り付け、取り外し作業等により石綿粉じんに曝露した。亡Aは、昭和 54 年 4 月から平成 10 年 3 月 31 日まで労災保険の特別加入をしていた。亡Aは、平成 11 年 10 月 20 日、原発性扁平上皮肺がんにより死亡した。亡Aの妻が、石綿健康被害救済法に基づき、特別遺族年金の請求をしたが、足立労基署長は、不支給決定をした。

　判決は、「ヘルシンキ基準、平成 18 年報告書及び平成 24 年報告書は、寄与危険度割合の考え方に基づき、石綿曝露による肺がんの発症の相対危険度が 2 倍以上にある場合に当該肺がんを石綿曝露により発症したものとみなす考え方を採用した。また、石綿曝露と肺がん発症との間の直線的な量反応関係を踏まえ、ヘルシンキ基準、平成 18 年報告書及び平成 24 年報告書は、肺がん発症の相対危険度を 2 倍以上にする指標として、累積曝露量が 25 本／ｃm^3 年あることが妥当であるという考え方を採用した。本件認定基準も、これらの考え方の基礎において定められたものである。ヘルシンキ基準、平成 18 年報告書及び平成 24 年報告書が採用した上記考え方は、医学的知見及び疫学調査の結果を基礎に置くものであり、石綿関連疾患に関する専門家の間でも広く受け入れられていることからすれば基本的に妥当なものであると認められる。」

　判決は、ヘルシンキ基準、平成 18 年認定基準、平成 24 年認定基準に則り、肺がん発症の相対的危険度を 2 倍以上にする指標として、石綿累積曝露量が 25 本／ｃm^3・年以上であることが妥当であるという考え方を採用し、亡Aは 10 年以上石綿粉じん曝露の業務を行っており、累積曝露量も 25 本／ｃm^3・年以上であったと推認されるとして肺がんの発症についての業務起因性を認めた。

ポイント

・工務店大工
・労働者期間9年、事業主期間34年（特別加入19年）
・原発性扁平上皮肺がん、死亡
・石綿健康被害救済法による特別遺族年金請求
・ヘルシンキ基準、18年認定基準、24年認定基準

| 事例 5 | **大田労基署長（日航インターナショナル羽田）事件**
（東京地裁平成 26 年 1 月 22 日判決、労働判例 1092 号 83 頁） |
|---|---|

　被災者Aは、昭和30年から昭和60年まで日本航空整備会社（現在、（株）日本航空インターナショナル羽田地区事業所）で原動機付工場における航空機エンジン部品の修理にかかる溶接作業の外、溶接技術の研究、開発、指導等に従事した。その作業においては、航空機のエンジン部分の溶接作業に際し、熱伝導による変形を防ぐための断熱材、または急激な冷却による収縮を防ぐための保温材としてクリソタイル（白石綿）を主たる原料とする石綿が使われており、溶接前に溶接箇所の周辺部分あるいは部分全体に水を含ませた石綿を巻き付かせたり塗布したりして溶接が行われていた。

　亡Aは、平成17年8月に原発性肺がんと診断され、平成18年7月8日、肺がんにより死亡した。労基署長は、亡Aの肺がんが石綿にさらされる業務による肺がん又は中皮腫に該当しないとし、審査請求でも同様であった。

　判決は、亡Aは、本件会社において、原動機部機械課配属になった昭和34年2月頃から原動機工場溶接課第1溶接係長となった昭和48年5月頃までの14年間にわたり、航空機のエンジン部品の修理にかかる溶接作業に従事しており、その間、溶接作業に際し、断熱材、保温材としてクリソタイルを主たる原料とする石綿を日常的に使用していたことが認められ、その作業内容は、平成15年認定基準、平成18年認定基準、平成24年認定基準における「石綿曝露作業」（石綿による疾病の発生のおそれある作業内容）の一つである「耐熱性の石綿製品を用いて行う断熱若しくは保温のための被覆又はその補修作業」に該当するものと認められる。以上によれば、亡Aにおいては、10年を超える約14年間にわたる石綿曝露作業への従事期間が認められる。

　亡Aの肺内には、右肺下葉につき122本、左下葉につき469本の石綿小体が認められるところ、その本数は、職業曝露を有しない一般人と同じレベルの曝露量とされる水準である。これに対し、肺内の角閃石族石綿の繊維数（乾燥肺重量1グラム当たりの本数）は、右肺下葉につき17万本（1μm超）左肺下葉につき51万本（5μm超）又は102万本（1μm超）であり、左肺下葉の角閃石族石綿の繊維数が、5μm超及び1μm超のいずれにおいても、ヘルシン

キ基準における職業上の石綿曝露を受けた可能性が高いとされる角閃石族石綿の繊維数（乾燥肺重量1グラム当たり10万本以上（5μm超）又は100万本以上（1μm超））を上回っている。

　亡Aにおいては、10年を超える約14年間にわたる石綿曝露作業へ従事期間が認められる上、肺内には、ヘルシンキ基準において職業上の石綿曝露を受けた可能性が高いとされる基準を超える石綿繊維数（角閃石族石綿）が認められる一方、他に、肺がん発症の原因となり得る要因が窺われないのであるから、亡Aの肺がんについては、業務に起因するものと認めるのが相当であり、業務起因性を認めなかった本件各不支給処分には違法がある。

> **ポイント**
> ・航空機整備会社
> ・エンジン部品の修理・溶接
> ・14年間
> ・原発性肺がん・死亡
> ・葬祭料・遺族補償年金請求
> ・平成15年認定基準、平成18年認定基準、ヘルシンキ基準

事例 6 神戸東労基署長（造船会社）事件

（控訴審：大阪高裁平成 28 年 1 月 28 日判決（判例時報 2304 号 110 頁）、一審：大阪地裁平成 25 年 11 月 5 日判決（判例時報 2304 号 120 頁））

　被災者Aは、造船会社に昭和 42 年に採用され、平成 6 年までの約 26 年間、船体組立職として勤務し、船内の鉄板の溶断や溶接の作業に従事していた。平成 8 年 3 月に退職し、他の会社で勤務したが、石綿を取り扱うことはなかった。亡Aは平成 14 年 6 月に肺腺がんと診断され、入院し、平成 15 年 3 月 2 日に死亡した。妻Xが、その亡Aの死亡は業務遂行中の石綿曝露が原因であるとして労災請求をしたが棄却されたので、取消訴訟を提起した。一審判決はこれを棄却した。

　一審判決は、亡Aの疾病について、平成 18 年認定基準を満たしていないとした。即ち、①10 年曝露要件を満たすものの、②胸膜プラーク、肺内の石綿小体又は石綿繊維等の医学的所見がいずれも認められず、そのような医学的所見が認められなくても本件疾病の業務起因性を肯定すべき特段の事情も認められないとして、業務起因性を否定し、Xの請求を棄却した。

　控訴審判決は、「本件疾病に業務起因性が認められるか否かを判断するに当たっては、平成 18 年認定基準及びこれを満たす場合に準ずる評価をすることができるときに当たるか否かという観点から、①石綿曝露作業に 10 年以上従事したか（10 年曝露要件。ただし、石綿曝露作業と評価できるものであれば足り、曝露濃度等は問わない。）、並びに②胸膜プラーク等の医学的所見の有無及び石綿曝露状況について検討するのが相当である。」という基本的立場に立ち、「亡Aは、平成 18 年認定基準において業務起因性の認定の要件の一つとされている石綿曝露作業従事期間（10 年）を 2 倍以上上回る 24 年以上の長期にわたって、本件会社神戸工場での作業に従事してきたものであり、日常的に間接的な石綿の曝露を受け続けていたことに加え、石綿が含有されたタルクを原料とする石筆や黒粉の使用、防火のための石綿布の使用等（四方が密閉された建屋内における作業を含む。）、直接に石綿を取り扱う作業にも従事していたものであること、亡Aに比べると、石綿を取り扱っている可能性のある施設等からより離れた位置（少なくともほぼ等距離の位置）にある診療所で勤務している看護

師のほか、亡Ａと同一の職種又は類似する職種に属し、あるいは同種の作業に従事していたとされる者や、亡Ａと同じ部署に在籍していた者、更に、直接石綿を取り扱っていたわけではない周辺業務のみ従事していたとされる者を含めて、同工場の敷地内で就労していた多くの従業員らが石綿に起因する疾患を発症し、労災認定を受けるなどしていること、上記診療所の部屋は、工場側にある窓が常に開け放されていたため、工場からの粉じん等により１日で真っ黒に汚れるほどであったとの指摘や、本件会社神戸工場における事務職を含めた全職種について同工場内での間接曝露があったとの指摘もされていること、亡Ａには、原発性の肺がんの極めて有力な発症原因とされている喫煙歴は全くなく、がんについての遺伝的素因があったともいえないことが認められているのであり、これらの事情に照らせば、本件会社神戸工場で就労していたことにより亡Ａが受けた石綿曝露は、亡Ａの肺内に胸膜プラークを形成するに十分な程度に至っていたものと認めるのが相当である。このことに加えて、・・・亡Ａの肺内に胸膜プラークの存在が認められるとの意見を述べる医師が複数おり、これらの医師の指摘する複数の部位に胸膜プラークが存在する相当程度の可能性があることを否定できないことも併せ考慮すると、亡Ａについては平成18年認定基準を満たす場合に準ずる評価をすることができるものというべきである。」と判断して、業務起因性を肯定した。

ポイント

- 造船会社勤務
- 鉄板の溶接、溶断
- 26年間
- 肺腺がん・死亡
- 葬祭料・遺族補償年金請求
- 平成18年認定基準に準ずる

富士労働基準監督署長事件
(東京地裁平成30年8月30日判決、労働経済判例速報2368号24頁)

　原告Xの母である亡Aは、胸膜中皮腫により死亡した。亡Aの職歴は昭和45年から昭和50年頃までB社の第2工場において、昭和50年から昭和53年まで、C社の本店事業所において就労していた。さらに、亡Aが働いていた周辺には、D社の吉原工場があり、昭和44年頃から平成7年頃まで石綿を取り扱っていた。
　吉原工場は、B社第2工場から約300m、C社本店事業部から約600mの距離にあった。また、E社富士工場は昭和46年から昭和47年までの間に不燃壁紙、昭和47年から昭和49年までの間に床用不燃シートの製造をそれぞれ行っており、これらはいずれも石綿を含有していた。B社第2工場はE社富士工場から約600mの位置にあった。

　Xは、富士労基署長に対し、石綿健康被害救済法の特別遺族一時金を請求したところ、不支給決定を受けたので審査請求したが、静岡労働局の災害補償保険審査官も審査請求を棄却したことから、取り消しを求めて提訴した。
　判決は、平成24年3月29日付の「石綿による疾病の認定基準について」(厚労省基発0329号第2号)に基づいて判断を下した。
　D社の吉原工場は、労災認定事業場とされてはいるが、取り扱われた石綿がごく少量の事業場も含むものであるし、石綿との関連が明らかな疾病が発症したとする労災認定等は平成28年度までに労働者等1名についてなされたに止まっている。
　E社の富士工場は、不燃壁紙および床用不燃シートを製造していたが、これらはいずれも試作品として作られ、商品化はされなかったのであり、これらの石綿を含有する製品が大量に製造されたとは考え難い。
　これらによれば、D社の吉原工場、E社の富士工場において外部に飛散するほどの大量の石綿粉じんが発生していたとか、その石綿粉じんが亡Aの就労していた事業所まで飛散し、中皮腫を発症させる濃度を超える程度にまで達していたとかの事実を推認することはできない。
　さらに、B社第2工場については、吹付け石綿の使用が昭和50年に事実上

禁止されたこと、吹付け石綿の多くが鉄骨造りの建物の梁や柱などに施工されていたことがうかがわれても、どの程度の割合で吹付け石綿が使用されていたのかは不明であり、昭和50年より前に新築された鉄骨造りの建物の多くについて、吹付け石綿が使用されていたと認めることはできない。仮に、Ｂ社第２工場に吹付け石綿が使用されていたとしても、亡Ａが従事していた業務は、金型を砥石で磨く作業であり、周囲ではグラインダーを用いる作業も行われていたが、これらもいずれも石綿そのものを飛散させる作業とは解しがたく吹付け石綿を飛散させるほどの振動等を生じさせる作業であったと認めるに足りる証拠はない。以上より、亡Ａが石綿曝露に従事していたと認めることはできず、亡Ａの中皮腫による死亡について業務起因性を認めることはできない。

ポイント

・亡Ａの子ども１名（Ｘ）
・Ｂ社第２工場では金型を砥石で研磨作業－アスベスト粉じん無し
・Ｃ社本店事業所では非粉じん作業
・Ｄ社吉原工場はＢ社第２工場から約300ｍの距離、アスベストの濃度低い
・Ｅ社富士工場はＢ社第２工場から約600ｍの距離、アスベストの濃度低い
・中皮腫・死亡
・石綿健康被害救済法による特別遺族一時金の請求
・業務起因性を認めず、請求棄却

(参照)
＊（注）認定基準の変遷
「石綿と肺がんとの因果関係について」（通達等）

1　昭和 53 年認定基準

　昭和 53 年 10 月 23 日付基労補発第 548 号「石綿曝露作業従事者に発生した疾病の業務上外の認定について」
　労働省は、「石綿による健康障害に関する専門家会議」による検討結果を踏まえて、昭和 53 年認定基準を発出した。

（肺がんに関する部分）
（ア）石綿肺の所見が無所見の者に発生した肺がん
　　　石綿肺の所見がＸ線写真像で認められない石綿曝露作業従事者に発生した原発性の肺がんであって、次の a 及び b のいずれかの要件を満たす場合には、別表 7 号の 7 の業務上疾病として取り扱うこと。

a　石綿曝露作業への従事期間が概ね 10 年以上の者に発生したものであること。
b　次の①又は②に掲げる医学的所見が得られているものであること。

　①吸気時における肺底部の持続性捻髪音、胸部Ｘ線写真による胸膜の肥厚斑影又はその石灰化像、喀痰中の石綿小体等の臨床所見
　②経気管支鏡的肺生検、開胸生検、剖検等に基づく肺のびまん性繊維増殖、胸膜の硝子体肥厚又は石灰沈着（結核性胸膜炎、外傷等石綿曝露以外の原因による病変を除く。）、肺組織内の石綿繊維又は石綿小体等の病理学的所見

　なお、石綿合併肺がん又は上記（ア）においては、石綿肺合併肺がん症例における石綿曝露開始から肺がん発生までの期間は、概ね 10 年ないし 20 年のものが多いとされているが、それよりも短い例も長い例も知られており、退職後に発生することも少なくないので十分注意すること。

(イ) 石綿肺合併肺がん又は（ア）に該当するもの以外の肺がん

　石綿曝露作業従事労働者に発生した肺がんのうち、石綿肺合併肺がん又は上記（ア）に該当しない肺がんについては、例えば、比較的短期間高濃度の石綿曝露を間欠的に受ける作業（①石綿の吹付け、②耐熱性の石綿製品を用いて行う断熱被覆、③石綿製品を被覆材又は建材として用いた建物、その付属施設、船舶等の補修又は解体、④上記①〜③に掲げるもののほか、石綿製品の加工工程における切断等これらの作業と同程度以上に石綿粉じんの曝露を受ける作業）に従事した労働者に肺がん発生がみられたこともあるので、かかる労働者に発生した肺がんについては、石綿曝露作業の内容、同従事歴、臨床所見、病理学的所見を調査の上、関係資料を添えて本省にりん伺すること。

2　平成15年9月19日付通達

　昭和53年通達の発出後、中皮腫等石綿による疾病に関する医学的知見の進歩に加えて、中皮腫に係る労災認定件数が増加傾向にあったこと等から、「石綿曝露労働者に発生した疾病の認定基準に関する検討会」は、最新の医学的知見に照らして昭和53年通達を見直すことを検討し、平成15年8月26日、報告書を作成した。

　厚生労働省は、上記検討会の検討結果を踏まえて、平成15年9月19日付基発第0919001号通達「石綿による疾病の認定基準について」を発出し、昭和53年認定基準を廃止して、新たな認定基準を定めた。

　このうち肺がんに関する部分は次のとおりである。なお平成15年認定基準において、「石綿曝露作業」に、「石綿又は石綿製品を直接取り扱う作業の周辺等において、間接的な曝露を受ける可能性がある作業」が追加された。

(ア) 石綿曝露労働者に発症した原発性肺がんであって、次のa又はbに該当する場合には、別表7号の7の業務上疾病として取り扱うこと。

a　じん肺法に定める胸部X線写真の像が第1型以上である石綿肺の所見が得られていること。

b　次の①又は②の医学的所見が得られ、かつ、石綿曝露作業への従事期間が10年以上あること。

①胸部Ｘ線検査、胸部ＣＴ検査、胸腔鏡検査、開胸手術又は剖検により、胸膜プラーク（胸膜肥厚斑）が認められること。
　②肺組織内に石綿小体又は石綿繊維が認められること。

(イ) 上記（ア）のａ又はｂに該当しない原発性肺がんであって、次のａ又はｂに該当する事案は、本省に協議すること。
ａ 上記（ア）のｂの①又は②に掲げる医学的所見が得られている事案。
ｂ 石綿曝露作業への従事期間が 10 年以上である事案。

3 平成 18 年報告書、平成 18 年認定基準

　平成 17 年 6 月 29 日、クボタが尼崎所在の旧神崎工場の周辺住民が中皮腫を発症していることを公表し、いわゆるクボタショックとして、その後、石綿による中皮腫や肺がん発生が社会的問題になったことを受けて、本検討会が設置され、累積曝露量と肺がん発症の関係等の医学的知見に照らして、認定基準の再検討を行い、平成 18 年報告書を作成した。

　報告書を受けて、厚生労働省は、平成 18 年 2 月 9 日付通達「石綿による疾病の認定基準について」（平成 18 年通達）を発出し、平成 15 年通達を廃止した。
　平成 18 年通達は、石綿による疾病として、石綿肺、肺がん、中皮腫、良性石綿胸水及びびまん性胸膜肥厚を定め、石綿曝露作業の定義及び業務起因性の認定要件として、次の内容を定めた。

(ア) 石綿曝露作業
　①石綿精製関連作業、②倉庫内における石綿原料等の袋詰め又は運搬作業、③石綿製品の製造工程における作業、④石綿の吹付け作業、⑤耐熱性の石綿製品を用いて行う断熱若しくは保温のための被膜又はその補修作業、⑥石綿製品の切断等加工作業、⑦石綿製品が被覆材又は建材として用いられている建物及びその附属施設等の補修又は解体作業、⑧石綿製品が用いられている船舶又は車両の補修又は解体作業、⑨石綿を不純物として含有する鉱物（タルク（滑石）等）等の取扱い作業、⑩上記①～⑨の作業と同程

度以上に石綿粉じんの曝露を受ける作業、⑪上記①～⑩の作業の周辺等において間接的な曝露を受ける作業。

(イ) 肺がんの取扱い

a 石綿曝露労働者に発症した原発性肺がんであって、次の (a) 又は (b) に該当する場合には別表7号7の業務上疾病として取り扱うこと。
 (a) じん肺法に定める胸部X線写真像が第1型以上である石綿肺の所見が得られていること。
 (b) 次の①又は②の医学的所見が得られ、かつ、石綿曝露作業への従事期間10年以上あること。
  但し、次の②に掲げる医学的所見が得られたもののうち、肺内の石綿小体又は石綿繊維が一定量以上（乾燥肺重量1g当たり5000本以上の石綿小体若しくは200万本以上（5μm超。2μm超の場合は500万本以上）の石綿繊維又は気管支肺胞洗浄液1ml中5本以上の石綿小体）認められたものは、石綿曝露作業への従事期間が10年に満たなくても、本件要素を満たすものとして取り扱うこと。
  ①胸部X線検査、胸部CT検査等により、胸膜プラーク（胸膜肥厚斑）が認められること。
  ②肺内に石綿小体又は石綿繊維が認められること。

b 石綿曝露作業への従事期間が10年に満たない事案であっても、上記a (b) の①又は②に掲げる医学的所見が得られているものについては、本省に協議すること。

4 平成19年認定基準

平成19年3月14日付基労補発第0314001号「石綿による肺がん事案の事務処理について」

認定基準では、肺がんの発症リスクを2倍に高める石綿曝露量として「乾燥肺重量1g当たり5000本以上」が示されているが、石綿曝露作業に10年以上従事した労働者の肺内には、「乾燥肺重量1g当たり5000本以上」水準の曝露

量が想定されているところである。

　従って、石綿小体に係る資料が提出され、乾燥肺重量1g当たり5000本を下回る場合には、「乾燥肺重量1g当たり5000本以上」と同水準の曝露とみることができるかどうか、という観点から、作業内容、頻度、曝露形態、石綿の種類、肺組織の採取部位等を勘案し、総合的に判断することが必要である。このため、「乾燥肺重量1g当たり5000本以上」の基準に照らして、石綿小体数が明らかに少ない場合には、本省あて照会されたい。

5　平成24年報告書、平成24年認定基準

　石綿による疾病の認定基準に関する検討会は、平成24年2月、平成18年報告書における検討以降に新たな医学文献が報告されている状況を踏まえ、平成18年認定基準の妥当性についてまとめた報告書(平成24年報告書)を発表した。

　それに基づき、平成24年3月29日付通達(平成24年3月29日付基発0329第2号「石綿による疾病の認定基準について」)を発出し、平成18年通達を廃止した。平成24年認定基準は、肺がんに係る業務起因性の認定要件を次のとおり示した。

(ア) 肺がんの取扱い

　石綿曝露労働者の発症した原発性肺がんであって、次のaからfまでのいずれかに該当するものは、最初の石綿曝露作業(労働者として従事したものに限らない。)を開始したときから10年未満で発症した者を除き、別表7号7の業務上疾病として取り扱うこと。

a　石綿肺の所見が得られていること(じん肺法に定める胸部X線写真の像が第1型以上であるものに限る)。
b　胸部X線検査、胸部CT検査等により、胸膜プラークが認められ、かつ、石綿曝露作業への従事期間(石綿曝露労働者としての従事期間に限る。以下同じ。)が10年以上あること。ただし、石綿製品の製造工程における作業に係る従事期間の算定において、平成8年以降の従事期間は、実際の従事期間の2分の1とする。

c 次の（a）から（e）までのいずれかの所見がみられ、かつ、石綿曝露作業への従事期間が1年以上あること。

（a）乾燥肺重量1g当たり5000本以上の石綿小体
（b）乾燥肺重量1g当たり200万本以上の石綿繊維（5μm超）
（c）乾燥肺重量1g当たり500万本以上の石綿繊維（1μm超）
（d）気管支肺胞洗浄液1mℓ中5本以上の石綿小体
（e）肺組織切片中の石綿小体又は石綿繊維

d 次の（a）又は（b）のいずれかの所見が得られ、かつ、石綿曝露作業への従事期間が1年以上あること。
（a）胸部正面X線写真により胸部プラークと判断できる明らかな陰影が認められ、かつ、胸部CT画像により当該陰影が胸膜プラークとして確認されるもの。胸膜プラークと判断できる明らかな陰影とは、次の①又は②のいずれかに該当する場合をいう。
　①両側又は片側の横隔膜に、太い線状又は斑状の石灰化陰影が認められ、肋横角の消失を伴わないもの
　②両側側胸壁の第6から第10肋骨内側に、石灰化の有無を問わず非対称性の限局性胸膜肥厚陰影が認められ、肋横角の消失を伴わないもの

（b）胸部CT画像で胸膜プラークを認め、左右いずれか一側で胸部CT画像上、胸膜プラークが最も広範囲に描出されたスライスで、その広がりが胸壁内側4分の1以上のもの。

e 省略

f 省略

6　ヘルシンキ基準

　平成9年1月、フィンランドのヘルシンキにおいて、石綿産出国以外の8カ国から19人の石綿や石綿肺がん等に関する専門家が参加した国際会議が開かれ、石綿関連疾患の診断と評価の最新基準の合意が得られた。

　ヘルシンキ基準、平成18年報告書、平成24年報告書は、寄与危険度割合の考え方に基づき、石綿曝露による肺がん発症の相対的危険度が2倍以上ある場合に当該肺がんを石綿曝露により発症したものとみなす考え方を採用した。また、石綿曝露と肺がん発症との間の直線的な量反応関係を踏まえ、ヘルシンキ基準、平成18年報告書及び平成24年報告書は、肺がん発症の相対危険度を2倍以上にする指標として、累積曝露量が25本／cm^3・年以上であることが妥当であるとする考え方を採用した。

(ア) 概論
a 一般的には、信頼できる職歴が、最も実用的で役立つ職業性石綿曝露の指標である。

b 累積繊維量（繊維本数／1cm^3×年数）は、石綿曝露の重要な指標である。

c 肺組織の石綿繊維及び石綿小体の分析は、職業歴の補足的データを提供する。臨床的目的では、以下のガイドラインが、職業での石綿粉じん曝露が高いことを確定するために推奨される。

①専門の実験室の電子顕微鏡で測定し、5μm以上の角閃石系石綿（アンフィボル）繊維が乾燥肺重量1g当たり10万本以上の場合、又は、1μm以上の角閃石系石綿（アンフィボル）繊維が乾燥肺重量1g当たり100万本以上の場合

若しくは

②専門の実験室で光学顕微鏡で測定し、乾燥肺重量1g当たり1000本以上の石綿小体（肺重量1g当たり100本以上）の場合、又は、危険視肺胞洗浄液1㎖中1本以上の石綿小体の場合

それぞれの実験室では、実験室独自の参照値を設定すべきであり、職業性石綿曝露集団の中央値は、十分参照値以上でなくてはならない。異なった実験室での肺内沈着繊維分析の方法を、分析し標準化する努力が推奨される。

(イ) 肺がん

a 肺がんの相対的危険度は、累積曝露量が増加するごとに、すなわち、1 ml中の石綿繊維数×曝露年数が増加するごとに、0.5 から 4 ％増加するから、この範囲の上限を用いると 25 繊維×年数の累積曝露量をもって肺がんの相対危険度が 2 倍になると予測され、臨床的な石綿肺の症例も、ほぼ同等の累積曝露量で起きる。

2 倍の肺がんの危険度は、5 μm 以上のアンフィボル繊維が乾燥肺重量 1 g 当たり 200 万本分又は 1 μm 以上のアンフィボル繊維が乾燥肺重量 1 g 当たり 500 万本分の貯留と相当する。この肺内繊維濃度は、乾燥肺重量 1 g 当たりほぼ 5000 ～ 1 万 5000 本の石綿小体又は気管支肺胞洗浄液 1 ml 当たり 5 本から 15 本の石綿小体に匹敵する。

1 年の高濃度石綿曝露（石綿製品製造、石綿吹付け、石綿製品の断熱作業、古い建築物の解体）又は 5 年から 10 年の中等度石綿曝露（建築や造船）は、肺がんの危険度を 2 倍以上とする。なお、極めて高濃度の石綿曝露の環境においては、1 年未満でも肺がんの危険度は 2 倍以上になる。

b 胸膜肥厚斑は、石綿繊維曝露の指標である。胸膜肥厚斑は低濃度の石綿曝露と関係して起きるために、石綿曝露が肺がんに関与しているとするためには、確実な石綿曝露の職歴か石綿繊維量の測定により補われる必要がある。両側のびまん性胸膜繊維化は、しばしば中等度から重度の曝露を伴うため、石綿肺が伴って認められるので、肺がんと関係していると考えられる。

c 石綿による肺がんと認められるためには、最初の石綿曝露から 10 年以上経過している必要がある。

肺がんとの関係を明らかにするために、全ての曝露基準が満たされる必要はない。例えば、①明確な職業性曝露歴があり、肺内繊維数が少量である

場合（クリソタイルの長期曝露か、最終曝露から肺内鉱物学的分析まで長期の期間があるとき）、②肺内や気管支肺胞洗浄液中に高濃度の繊維数が検出されるが、職歴が不確かか長期の曝露がない場合（短期曝露が高濃度であるとき）である。

7 アフターヘルシンキ

　平成16年、ヘルシンキ基準の策定に関与したダグラス・ヘンダーソンらは、肺がんと中皮腫の比率、喫煙と石綿が複合した場合の相互効果やヘルシンキ基準で示された肺がんに関する累積曝露モデルを含めた調査研究（平成9年から平成16年に報告されたもの）を批判的に評価した論文を発表した（これを「アフターヘルシンキ」という）。アフターヘルシンキは、25繊維×年数を肺がんの相対危険度2倍としたヘルシンキ基準を次のとおり定型化している。

①石綿肺の存在
又は、
②乾燥肺重量1g当たり総数5000本から1万5000本以上の石綿小体又は乾燥肺重量1g当たり5μm以上の角閃石繊維200万本以上又は1μm以上の角閃石繊維500万本以上
又は、
③25本／mℓ×年以上のアスベストへの推定累積曝露
又は
④1年間の石綿への高濃度曝露又は5〜10年の中等度曝露
又は
⑤10年の最低間隔期間

第 2 章　損害賠償請求事件判決

　石綿（アスベスト）による健康被害を理由として、アスベストの製造メーカー、アスベストを含む建材の製造メーカー、アスベストが使われている施設の所有者、アスベストの使用を容認し規制を遅らせてきた国に対して、被災者やその遺族が、安全配慮義務違反、不法行為責任、国家賠償法による損害賠償請求をする事件が相当数累積している。その中でも大型の事件は、アスベスト工場が密集していた泉南地区の住民らによる泉南アスベスト事件とアスベストを含有する建材を製造販売していた製造メーカー等に対する全国建設アスベスト事件であるが、これらの事件も含めて、アスベストによる健康被害の裁判例を紹介する。

事例1　平和石綿・朝日石綿事件
（長野地裁昭和 61 年 6 月 27 日判決、判例タイムズ 616 号 34 頁）

　石綿糸を製造するＹ１社に勤務していた元従業員等は、石綿粉じんに曝露して石綿肺となり、一部は死亡した。Ｙ２社は、Ｙ１社の親会社である。原告Ｘ１らは元従業員ベースで７名であり、遺族を含めて合計 24 名である。被告Ｙ３は国である。

　Ｘ１ら（元従業員と家族）24 名が安全配慮義務違反として、Ｙ１社（石綿糸の製造作業（昭和 27 年から昭和 38 年））とその親会社であるＹ２社に損害賠償請求をし、併せて被告Ｙ３（国）に監督責任に反するとして損害賠償責任の請求をした。

（1）Ｙ１社の責任
　判決は、直接の雇用主であったＹ１社の安全配慮義務違反を認めた。その安全配慮義務違反の内容としては、以下のとおりである。
　①発じんの防止、粉じん飛散抑制のための措置として、
　ⅰ 原材料に石綿糸の製造工程で出る落綿を再生原料として使用することを止めるべきであったのにこれを怠り、

ⅱ 混綿作業について、攪拌機と反毛機を連結、密閉すべきであったのに昭和45年ころまでこれを怠り、混綿機から梳綿機へ材料を移し入れる機械装置を設置すべきであったのに昭和51年頃までこれを怠り、

ⅲ 発生した粉じんが滞留することがないよう可能な限り局所排気装置等除じん設置を備えるべきであったのに、Y1社設立の頃は全く右のような除じん設備を設けず、昭和36年6月頃から始まる旧工場時代には一応除じん機が備えられていたが有効なものではなく、昭和42年頃から次第に除じん設備を備えていったが、昭和46年ころまではなお浮遊粉じん量が旧特化則による規制値を上回る有害な状態にあって十分といえるものではなく、右設置義務を怠り、

ⅳ ビニールの囲い等により発生源となる設備の密閉、隔離をはかるべきであったのに、ａ清掃作業について、昭和48年ころまでは材料の投入口や材料を運ぶベルトコンベアーの回りビニールの囲いを設置せず、ｂ梳綿作業について、昭和47年頃まで機械を覆うビニールの覆いを設置せず、ｃ精紡作業について、昭和46年頃まで機械下部にプラスチック及びビニール製カバーを設置せず、ｄ粉ふるい作業について、昭和47、48年頃まで機械にビニール囲いを設置せず、設置義務を怠り、ｅ2次粉じんを発散防止すべく、床に散水し、また、電気掃除機を用いて清掃すべきであったのに、昭和48年頃までこれを怠り、⑥研磨作業について、注水する等作業方法に工夫を加えるべきであったのに、これを怠った。

②粉じんの曝露を軽減するための措置として、作業時間の短縮等作業強度を軽減すべきであったのに、かえって、設立当初から恒常的に女子の法定時間外労働、有害業務について法定時間外労働などの法定の制限を超えた違法な時間外労働を実施し、しかも取締を免れる目的で賃金台帳につき2重帳簿を作成し、これを怠った。

③検定規格品の防じんマスクの支給をし、作業の際これを着用するように指導監督するとともに、従業員が防じんマスクを着用したがらないのは、その着用が長時間に及ぶと息苦しさにたえられなくなったり作業能率が低下することにあったのであるから、単位作業時間の短縮や休憩時間の配分の

工夫などの労働強度軽減の措置をすべきであったのに、Ｙ１社設立の頃は防じんマスクの支給自体がなく、昭和38年頃から昭和41年頃にかけてのマスクの支給は全員一律ではなく、しかも粉じん吸入防止機能の劣る非検定品であり、その後昭和44年４、５月に至りようやく従業員数に見合う検定合格品の防じんマスクが備付けられていたものの、種類の選定が必ずしも適切でなく、一部従業員に不着用が認められたので実効性のある着用指導をなさず、義務を行った。

④じん肺発症の早期発見、早期治療のための措置として定期的にじん肺健康診断を実施するとともにじん肺所見の認められた者に結果を通知し、粉じん作業職場からの離脱をさせるべきであったのに、じん肺検診の結果の通知を怠り、粉じん作業職場からの離脱をさせず、じん肺治療の機会を失わせ、これを怠った。

（２）Ｙ２社の責任

次に、Ｙ１社の親会社であるＹ２社（親会社）の安全配慮義務としては、緊密な人的・物的関係があり信義則上Ｙ１社と同様の安全配慮違反があるとした。即ち、Ｙ１社との同等の義務があるということについては、次のように判断している。

「・・・親会社、子会社の支配従属関係を媒体として、事実上、親会社から労務提供の場所、設備、機具類の提供を受け、かつ親会社から直接指揮監督を受け、子会社が組織的、外形的に親会社の一部門の如き密接な関係を有し、子会社の業務については両社が共同してその安全管理に当たり、子会社の労働者の安全確保のためには親会社の協力及び指揮監督が不可欠と考えられ、実質上会社の被用者たる労働者と親会社との間に、使用者、被用者の関係と同視できるような経済的社会的地位が認められる場合には、親会社は子会社の被用者たる労働者に対しても信義則上右労働関係の付随的義務として子会社の安全配慮義務と同一の内容の義務を負担するものというべきである。」

（３）国の責任

最後に、Ｙ３（国）の責任については、Ｘ１らは、監督責任を負い、安全基

準に達しない場合に是正勧告、使用停止等の手段により安全基準を実現して労働者の生命・健康を確保する義務を怠ったと主張したが、判決は、「監督権限の行使については行政庁の裁量判断であり、その裁量の範囲を著しく逸脱し、著しく合理性を欠くに至る場合にはじめてその権限を行使すべき法的義務を負担するにすぎない。」と、被告Y3（国）の裁量性を前提として、請求を棄却した。

> **ポイント**
> - 元従業員7名（遺族含め原告24名）
> - 石綿糸の製造工場
> - 石綿じん肺
> - 雇用主Y1社（被告）は責任あり
> - 親会社Y2社（被告）は責任あり
> - 被告Y3（国）には責任無し
> - 賠償額：慰謝料として、発症から現在に至るまでの経過、今後の見通し、及び家族の状況、Y1とY2の責任の程度、その他の諸般の事情により、1,800万円、1,500万円、2,200万円、2,000万円をもって相当とする。

事例2 米軍横須賀基地じん肺事件
（横浜地裁横須賀支部平成14年10月7日判決、判例時報1821号65頁）

　原告X1らは、米軍横須賀基地の艦船補修廠の作業場で働いて、じん肺に罹患した元従業員9名と死亡した元従業員の遺族3名である。

　被告はY（国）であるが、実際の使用者は米軍であるが、雇用主は国である。Yは米国に労務提供義務を負担し、雇用主は国で、使用者は米軍であるという形の間接雇用が取られていた。

　判決は、石綿肺の知見の時期を遅くとも昭和30年代前半とし、石綿肺に対する対策の必要性、緊急性を認識すべきであると判断した。そして、具体的な安全配慮義務の内容は、法令等の定めによって、比較的容易にその安全配慮義務違反の内容を認定した。具体的な安全配慮義務の内容としては、①散水・噴霧の指導監督義務、②通気システム設置義務、③保護具等の整備義務違反、④混在作業禁止義務違反・粉じん作業の密閉隔離化義務、⑤じん肺教育義務、⑥健康診断の実施義務と判断した。

　その上で、米軍においては、石綿肺に関する知見が確立する前後から既に種々の指令が出されていたにもかかわらず、その指令の運用場面においては、実際には、散水・噴霧の指導監督義務違反、通気システム設置違反、保護具等の整備義務違反、混在作業禁止措置及び粉じん作業の密閉隔離化義務違反、従業員に対するじん肺教育義務違反、健康診断等の実施義務違反で検討したような不十分さが認められるのであるから、米軍は、これらの点について安全配慮義務違反を十分に尽くしていなかったものと認められると判断した。

　さらに、被告Y（国）の責任として、次のように国の安全配慮義務違反を認定した。

　「米軍に安全配慮義務違反があったとしても国は、対策推進義務を尽くしていれば安全配慮義務には違反しないが、国は、そもそも米海軍横須賀基地内における個々の作業内容や粉じん対策を殆ど把握していなかったということができる。このような状態では到底・・・不断の調査・監視をしていたということはできないし、必要な措置を講じるよう働きかけることもできない。」

　その上で、慰謝料額は、①管理区分2で合併症のある者・・・1,400万円、

②管理区分３イで合併症のある者・・・1,800万円、③管理４の者・・・2,200万円、④じん肺を直接の原因として死亡した者・・・2,500万円と認定した。

> **ポイント**
> - 米軍横須賀基地艦船補修
> - 原告：元従業員９名と遺族３名
> - 石綿じん肺
> - 被告：国（米軍の責任）
> - 慰謝料：管理２で合併症1,400万円、管理３イで合併症1,800万円、管理４で2,200万円、死亡者2,500万円

第2編　石綿（アスベスト）関係訴訟

関西保温工業・井上冷熱事件
（東京高裁平成17年4月27日判決（労働判例897号19頁）、東京地裁平成16年9月16日判決（労働判例882号29頁））

　亡Aは、保温・冷熱工事を業務担当とするY1社に昭和40年から昭和45年まで、及び、昭和49年〜昭和59年まで約15年の間勤務して、石油コンビナート加熱炉の補修・保温工事に、15年間現場監督として従事した。亡Aは、その後、同業のY2社に昭和59年から勤務し、設計積算業務を行っていたが、平成8年8月悪性胸膜中皮腫により死亡した。

　亡Aは、平成7年11月頃から、胸痛、咳、微熱等の症状が出て、同年12月に胸膜炎と診断され、平成8年6月には生検により悪性中皮腫に罹患していると診断され、国立がんセンターに入院したが、同年8月に死亡した。原告X1は妻であり、X2とX3は子らである。

(1) 一審判決

　一審判決は、Y1社に在籍中の業務により石綿粉じんに曝露して悪性中皮腫に罹患したと認定し、他方でY2社における業務で石綿粉じんに曝露したとは認めず、責任の主体は専らY1社と判断した。Y1社の石綿粉じん曝露による悪性中皮腫罹患の予見可能性の点については、海外においては昭和40年以前に石綿が人体に対する危険性のみならず、胸膜中皮腫が石綿労働者の職業性がんであることが推認されるという文献もあり、また、昭和35年3月にじん肺法が制定され、石綿に係る一定の作業について同法が適用される「粉じん作業」と定めたなどの法令の整備状況等に照らせば、「遅くとも昭和40年ころまでには、少なくとも、石綿粉じんが、人の生命・健康に重大な影響を及ぼすことについては、医学界のみならず石綿を取り扱う業界にも知見が確立していたものとした。そのため、Y1社には、石綿粉じんに曝露することでその生命・健康を害する影響を受けることについての予見可能性があったものと判断した。その上で、Y1社は、安全配慮義務として、「可能な限り、労働者が石綿の粉じんを吸入しないようにするために万全の措置を講ずべき注意義務を負担していたというべきである。具体的には、Y1社は、現場監督である亡Aに対しても防じんマスクを支給し、マスク着用の必要性について教育の徹底を図るとともに、石

綿粉じんの発生する現場での工事の運行管理、職人に対する指示等を行う場合には防じんマスクの着用を義務付けるなどの注意義務があったというべきである。また、Ｙ１社は、補修工事等の対象となる建造物について、石綿が使用されている箇所及び使用状況をできる限り調査して把握し、亡Ａら現場監督に周知すべき注意義務があったというべきである。」と述べ、Ｙ１社がその義務違反があったとして賠償責任を認めた。他方で、Ｙ２社に対する請求を棄却した。

（２）控訴審判決

　控訴審判決は、基本的に一審判決を維持したが、安全配慮義務の内容につき、次のように判断した。

　「石綿の粉じんは、これを人が吸入した場合には、悪性中皮腫等を発症せしめて人の生命・健康を害する危険性があるところ、Ｙ１社は・・・まず、石綿の粉じんが発生する石綿製品については代替品を使用するなどして、可能な限り、その労働者が石綿粉じんを吸入する機会を抑えるようにすべき注意義務があったというべきである。・・・石綿の使用の取り止めや代替品への切り替えが直ちにできなかった場合、あるいは、過去に石綿製品を使用していた現場で補修等を行う場合には、労働者が石綿粉じんを吸入する危険性があることから、使用者であるＹ１社は、可能な限り、労働者が石綿の粉じんを吸入しないようにするための万全の措置を講ずべき注意義務を負担していたというべきである。具体的には、Ｙ１社は、亡Ａに対し、石綿の人の生命・健康に対する危険性について教育の徹底を図るとともに、亡Ａに対しても防じんマスクを支給し、マスク着用の必要性について十分な安全教育を行うとともに、石綿粉じんの発生する現場で工事の進行管理、職人に対する指示等を行う場合にはマスクの着用を義務付けるなどの注意義務があったというべきである。また、Ｙ１社は、補修工事等の対象となる建造物について、石綿が使用されている箇所及び使用状況をできる限り調査して把握し、亡Ａら現場監督に周知すべき注意義務があった。」

（３）賠償額

　賠償額は、総額で、一審判決が約 5,670 万円であり、控訴審判決はやや減額されて、4,678 万円であった。

ポイント

- 元従業員亡Aの遺族である妻（X1）と2人の子（X2、X3）
- 石油コンビナート加熱炉の保温・冷熱工事
- 悪性胸膜中皮腫・死亡
- Y1社で約15年で現場監督、Y2社で12年で設計積算業務
- Y1社に責任あり、Y2社に責任無し
- 悪性中皮腫の医学的知見の時期　昭和40年頃
- 賠償額　一審：約5,670万円、控訴審：約4,678万円

事例4 家族アスベスト被曝事件
（控訴審：東京高裁平成17年1月20日判決（判例タイムズ1210号145頁）、一審：東京地裁平成16年3月25日（判例タイムズ1210号150頁））

　亡Aは、信用金庫、出版社、平安閣互助会、メーカーの経理事務などで勤務していたが、胸膜腫瘍により死亡した。遺族X1〜X4らは、亡Aの死亡は悪性中皮腫であり、亡Aが悪性中皮腫に罹患したのは、亡Aの父親である亡Bが自宅に持ち帰った作業着やマスクに石綿が付着していたからであると主張した。亡BはY社の大宮工場に昭和27年から昭和55年頃まで勤務して石綿を取り扱う業務に従事し、昭和58年に石綿曝露による肺がんで死亡した。亡Bの石綿肺の発症及びそれによる死亡については、労災認定がなされている。
　亡Bが勤めていたY社は、イタリアで開発されたエスタニットパイプ（高圧石綿セメント管）の特許を独占使用してセメント管を製造販売していたが、特許期間が切れて競業会社が存在するようになったこと、石綿のうちのクロシドライトの輸入が禁止された事などから、昭和63年に商号を変更して業務を他業種に変更していた。

(1) 一審判決
　一審判決は、亡Bが自宅に持ち帰ったマスクや作業着に亡Aが接触し、それによって石綿曝露を受けたとしても、その量は極めて微量であると考えられ、それによって、亡Aが悪性中皮腫に罹患したとは認定できない、従って、結局、亡Aの石綿曝露の状況等を考慮しても、亡Aの死亡が悪性中皮腫であり、かつ、その原因が亡Bが自宅に持ち帰ったマスクや作業着による家庭内曝露であるということについては、通常人が疑いを差し挟まない程度に真実性の確信を持ち得るものということはできず、高度の蓋然性を認めるには足りないというべきである。そうすると、Y社が、亡Bが自宅にマスクや作業着を持ち帰ることを防止する措置を講じなかったとしても、それをもって亡Aの死亡についてY社に不法行為が成立するとは認められないと判断した。

（2）控訴審判決

　控訴審は、一審判決を維持したが、その理由は、「・・・大宮工場においては、発ガン性の最も高い、青石綿（クロシドライト）や茶石綿（アモサイト）も利用されていたので、これらの家庭内曝露の量とともに、質的な悪性中皮腫発症の重要な要素として考慮されるべきであると主張するが、これを裏付ける証拠はないばかりでなく、亡Ｂが石綿曝露を受けたとしても、それによる石綿粉じんの吸引量は極めて微量であったと推認されるから、たとえ大宮工場において青石綿（クロシドライト）や茶石綿（アモサイト）も利用されていたとしても、そのために亡Ａに悪性中皮腫が発症したと認めることいはできない。」と判断して、控訴を棄却し、原告Ｘ１らの請求を棄却した。

> **ポイント**
> - 亡Ａの遺族である妻（Ｘ１）と子３名（Ｘ２、Ｘ３、Ｘ４）
> - 亡Ａの父親が石綿セメント管製造工場勤務で、亡Ａはマスク、作業着よりの間接曝露（亡Ａの父は肺がん死で、労災認定あり）
> - 被告Ｙ社は石綿セメント管製造会社
> - 亡Ａは悪性中皮腫・死亡
> - 一審、控訴審ともに請求棄却

事例5 札幌国際観光ホテル
（控訴審：札幌高裁平成20年8月29日判決（労働判例972号19頁）、一審：札幌地裁平成19年3月2日判決（労働判例948号70頁））

　亡Aは、Y社の経営するホテルでボイラー担当の設備係として、機械室・ボイラー室等で昭和39年から就労をしていたが、平成13年4月から体調が悪化して同年5月に病院に入院し、同年9月には札幌労働基準監督署長からホテルでの就労により悪性胸膜中皮腫に罹患したとして労災保険の適用を受け、平成14年4月に悪性胸膜中皮腫で死亡した。亡Aの遺族X1、X2が、Y社相手に損害賠償請求をした。

（1）一審判決
　一審判決は、亡Aの死亡の原因は、ホテルの昭和60年以前に吹き付けられたアスベストの吸引であるとして、アスベストとの因果関係を認めたものの、Y社の責任について、「このように一般的な啓蒙活動や法規制がされていたとはいい難い中で、Y社のみに対し、一部の専門家や研究者、海外の啓蒙活動の結果を認識したうえで対処することを求めることはできない。すなわち、規制の権限を有する国が何らの対策も講じていない中で、ホテルを経営するに過ぎない民間企業であるY社が、より多くの情報等を収集し得る立場にある国や建築業者等が配慮すべき建造物を使用された資材の安全性について、国の対策をも上回る対策を先んじてとらなければならないと解すべき根拠はない。」として、その当時は、建築物に吹き付けられたアスベストの被曝が当時として非難できずY社には安全配慮義務違反はないと判断した。

（2）控訴審判決
　控訴審判決は、一審の判断を覆し、逆転でY社の責任を肯定した。Y社の安全配慮義務について、既に、安衛法や特化則の規制がなされ、その事業者にY社に該当するのであるから、零細事業者であったとしても、法令で要請される措置を講じなくてもよいというものではないという趣旨で、「Y社は、特化則及び後に制定された労働安全衛生法その他の関係法令上の「『使用者』又は『事業

者』に該当するが、石綿含有製品を取り扱う作業に当たる労働者に対して、法令上要求される措置（局所排気装置による排気、呼吸用保護具の使用、湿潤化、立入禁止措置、健康診断等従業員の健康管理）を講じていたと認めるに足りる証拠はない。・・・安全配慮義務違反の判断において、行政法規において要求される事業者の義務を遵守していたか否かは、信義則違反か否かを判断する上で重要な要素として考慮されるというべきである。・・・平成元年10月ころ、本件改修工事により機械室等の壁に吹き付けられた石綿が撤去されているが、・・・亡Eは、それまでの作業による石綿曝露があり、潜伏期間からみて、本件改修工事以降に全く石綿曝露がなかったとしても因果関係が認められるから、本件改修工事による石綿の除去は、安全配慮義務違反の判断を左右しない。」と述べている。

　但し、亡Eが高年齢であったこともあり、賠償額は合計で約3,300万円という認定であった。

> **ポイント**
> ・元従業員の遺族である妻（X1）と子（X2）
> ・被告Y社はホテル経営会社
> ・ボイラー担当の設備係で約37年勤務
> ・悪性中皮腫・死亡
> ・賠償額：一審は請求棄却。控訴審は請求を認容し、賠償額は約3,300万円

事例6	**米軍横須賀基地事件**（横浜地裁横須賀支部平成21年7月6日判決、労経速2051号3頁）

　被災者亡Aは、昭和52年8月に被告国に雇用され、米海軍横須賀基地の施設本部（PWC）に所属し、冷蔵、空気調節機械工として勤務し、平成7年3月1日からはエンジニア専門職として勤務していた。亡Aが冷蔵及び空気調節機械工として従事した作業は、冷蔵庫の修理、解体を行う際に、冷蔵庫の配管、ダクトから断熱材を撤去する作業があり、また、窓付型エアコンを住宅や工場、倉庫に設置するため外壁を切断して壁に穴を開ける作業、冷房装置の修理の際にダクトを被覆している保温剤をはがし、修理後に再び取り付ける作業などがあり、いずれもアスベスト粉じんに曝露する可能性のある作業であった。
　亡Aは、平成18年1月17日の入院の際に胸膜中皮腫を疑われ、同年4月10日の入院時に胸膜中皮腫と診断され、平成19年5月19日に死亡した。亡Aの妻X1と子X2、X3とが、被告国に対し安全配慮義務違反を理由として損害賠償請求訴訟を提起した。

　判決は、被告国の予見可能性について、昭和46年1月5日付基発1号において、「石綿粉じんを多量に吸入するときは、石綿粉じんをおこすほか、肺がんを発生することもあることが判明し、また、特殊な石綿によって胸膜などに中皮腫という悪性腫瘍が発生するとの説も生まれてきた」という記載がされていること、昭和49年4月9日付通達6260・1においては、「アスベスト繊維を過剰吸引すると、深刻な肺の損傷を生じうる。肺機能を無力化するとか、致命的な肺の線維症を起こしたりする。アスベストはまた、胸部と腹部を覆う粘膜の癌（中皮腫）を発症させる原因物質の一つであることも判っている」と記載されていること等から、被告国は、亡Aが就職した昭和52年以前において既に、アスベスト粉じん曝露により中皮腫に罹患する危険があるなど、アスベストの健康被害について認識し、アスベスト粉じん対策を講じる必要性、緊急性を認識し、直接、間接にアスベスト粉じん対策を実施すべき義務を負っていたというべきであると判断した。
　その上で、被告国の安全配慮義務の内容としては、被告国は、安全配慮義務

として、粉じん作業前や作業中に散水、噴霧を行い、湿潤化を図って作業を実施するよう従業員を指導監督すべき義務、屋内作業の際に、局所排気装置による合理的な通気システムを実現すべき義務、アスベスト作業者に対する安全教育を実施すべき義務、並びに、防護衣及び粉じん濃度に応じたマスクを整備し、これを着用してアスベスト作業に当たるよう従業員を指導監督すべき義務を負っていたものであると述べた。

さらに、安全配慮義務違反としては、米海軍横須賀施設本部（PWC）において、少なくとも昭和57年頃まで、粉じん作業の際に湿潤化を図って作業を実施するよう指導監督をすること、屋内作業の際に、局所排気装置による合理的な通気システムを実現すること、防護衣を整備し作業者に着用するよう指導監督すること、アスベスト作業者に対する安全教育及び胸部X線直接撮影を含む健康診断を実施することというアスベスト対策が実施されておらず、少なくとも昭和62年頃まで、粉じん濃度に応じたマスクを整備し、これを着用してアスベスト作業に当たるよう、従業員を指揮監督するというアスベスト対策が実施されていなかったものであると述べ、被告国の責任を認めた。賠償額は、総額で約7,686万円であった。

> **ポイント**
> ・亡Aの妻（X1）と2人の子（X2、X3）
> ・米軍横須賀基地勤務で冷蔵、空調調節機械工
> ・約29年勤務
> ・胸膜中皮腫、死亡
> ・被告国
> ・昭和52年以前に予見可能性あり
> ・賠償額：約7,686万円

事例7 中部電力等事件
（名古屋地裁平成21年7月7日判決、労経速2051号27頁）

　被災者亡Aは、被告Y社の火力発電所に昭和33年4月に入社し、平成11年7月にY社を60歳で定年退職した後、平成17年2月頃から、せき、たん、微熱、寝汗、体がだるい等の症状を呈して、平成17年5月に左胸膜悪性中皮腫の診断を受け、同年6月に左肺を全摘し横隔膜、胸膜及び心臓の一部を切除する手術を行い、その後も放射線治療や化学療法を行うも、平成18年3月に再発し、放射線療法を行ったが、平成18年9月に死亡した。平成17年12月、名古屋南労働基準監督署長は業務上災害として療養補償の支給決定がなされた。原告X1は亡Aの妻、X2、X3はその子らである。

　X1らは、亡Aの悪性中皮腫は、Y社勤務中に石綿粉じんに曝露したからであり、Y社には安全配慮義務違反があるとして、Y社に対して損害賠償請求をした。

　判決は、亡Aの石綿粉じん曝露につき、①タービン建屋内の粉じんについては、日常の運転に伴う振動による石綿粉じんの発生及び飛散、保温材の取り付け、取り外し工事による粉じんの発生、②新入社員教育期間内中タービン建屋内で保温材の取り付け作業場での研修、③新名古屋火力建設所、同発電所における試運転・運転業務、④四日市火力建設所及び四日市火力発電所における新運転・運転業務、⑤名火ガスタービン建設所・名火発電所に関する業務、⑥新名古屋火力発電所発電課における運転業務のそれぞれについて、石綿粉じんの曝露について詳細に検討した。

　判決は、「自明のこととして、直接石綿粉じんを発生・飛散させる作業に従事していなくても、同作業が行われている傍らで別の作業を行ったことにより、直接作業に従事した者と大差ない石綿粉じんを吸入する状況にあった者は曝露作業に従事したということができる。」と述べ、亡Aが直接の石綿粉じん曝露作業に従事していないにしても、粉じんを曝露する可能性があるならば粉じん曝露作業に該当するものとする。その上で、各発電所における試運転業務においては、石綿を含有する保温材をのこぎり等で切断した上、配管等に取り付ける作業は、粉じん曝露作業と認められ、試運転業務はその周辺において行われた

ものとして粉じん曝露作業に該当するとした。しかしながら、他の業務においては石綿粉じんに曝露したと認めるに足りる証拠はないと判断した。

その上で、Ｙ社の安全配慮義務違反の責任については、「Ｙ社は、じん肺法、特化則の制定を受け、要領書及び安全衛生指針を定めて対策を行ったものの、粉じん作業には請負業者が従事したとの認識のもとに、じん肺予防も主に請負業者において注意すべきであると判断していたことが認められ、現に、粉じん作業者に対する特殊健康診断は亡ＡらＹ社火力発電所に勤務する社員はその対象としていなかったことが認められる。・・・そして、呼吸用保護具の各事業場への備付けがどのように行われ、Ｙ社が社員に対し、どのような基準で使用を指示したのかが明らかにされないことに照らしても、Ｙ社は亡Ａに対して、呼吸用保護具の使用に係る前記義務を履行しなかったものと推認できる。」、「むしろ、Ｙ社には、単に要領書及び安全衛生指針を定めるのみでなく、社員に対し、その内容について周知させ、安全な方法により作業すべきことを徹底する義務があったというべきである・・・」、「また、Ｙ社は、保温材に石綿が含まれていること及びその危険性について、上司や先輩からＯＪＴや当直の中の勉強会の機会に教育をしていると主張するが、具体的にどのような安全教育がなされたのかについて認めるに足りる証拠はなく、義務を尽くしたとはいえない。」として安全配慮義務違反を認めた。

その上で、損害額は、慰謝料のみの請求ではあるが、Ｘ１は1,500万円、子Ｘ２、Ｘ３は各自750万円ずつの請求を認めた。

ポイント

・亡Ａの妻（Ｘ１）と２人の子（Ｘ２、Ｘ３）
・電力会社である被告Ｙ社の火力発電所での勤務
・約41年間勤務
・悪性中皮腫・死亡
・賠償額：慰謝料額は合計3,000万円

事例8 三井倉庫事件
（神戸地裁平成 21 年 11 月 20 日判決、労働判例 997 号 27 頁）

　亡Aは、昭和 26 年 7 月に被告Y社に入社し、同 52 年までトラクター運転手とし神戸港の三井桟橋付近で勤務した。被告Y社は、港湾荷役や倉庫を営む会社である。亡Aは、平成 9 年 4 月に中皮腫と診断され、平成 11 年 6 月に中皮腫で死亡した。原告X1は、労働基準監督署長に対して、石綿健康被害救済法に基づき特別遺族年金を請求し、特別遺族年金 680 万円が支払われている（労災保険の請求は既に消滅時効にかかっていた）。亡Aの妻X1と子X2が、Y社に対して安全配慮義務違反等を理由として損害賠償請求訴訟を提起した。

　判決は、亡Aの粉じん曝露について、トラクター運転手として稼働していた期間のうち、昭和 40 年から昭和 51 年までの間、継続して直接的ないし間接的に亡Aが石綿粉じんに曝露する機会があったと認められ、これは平成 15 年認定基準によると、倉庫内等における石綿原料等の袋詰め又は運搬作業ないし石綿又は石綿製品を直接取り扱う作業の周辺等において、間接的な曝露を受ける可能性のある作業に該当するものである。亡Aがトラクター運転手として稼働していた期間及び中皮腫を発症した時期は、中皮腫の潜伏期間が 20 年から 40 年程度とされていることもよく付合する。そうすると、亡Aが直接石綿などの荷物を取り扱う業務に従事していたわけでないことやその倉庫が主として綿花を取り扱っており、石綿の取扱いが数か月に一度程度であったことを考慮しても、中皮腫は、アスベスト低濃度曝露でも発症し、年数を経るほど発症頻度が高くなり、間接曝露が原因の場合もあることなどからすると、その稼働期間におけるY社の業務が原因で、昭和 51 年から 20 年以上経過した平成 9 年ころに亡Aが発症することは十分に考えられるところであると判断した。

　また、Y社以外の他の職場での業務による石綿粉じん曝露の可能性について、亡AにはY社に勤務する前の職歴が認められるものの、それらの職場における具体的職場環境、勤務状況は不明であり、石綿粉じんを曝露する機会があったと認めるに足りる具体的証拠もないこと、Y社を退職する前の居住歴においても石綿粉じん曝露の機会があるとは認められないこと、Y社を退職した後の亡Aが経営していた書店の周辺の神戸製鋼所の工場や富士通の工場などがあったが、石綿取扱いの有無やその従業員が中皮腫を発症していたとしてもその内容

も具体的ではなく、さらには、2つの工場と書店とはある程度の距離が離れており、亡Aが粉じんに曝露する機会があったとまではいえず、結局、亡AにY社における業務以外に有力な石綿粉じんに曝露する機会があったとはいえないことを考慮すると、昭和40年から昭和51年までの間のY社におけるトラクター運転業務と中皮腫による亡Aの死亡の間に相当因果関係があるというべきであるとした。

　その上で、Y社の安全配慮義務違反について、Y社は、昭和40年以降、石綿を荷物として取り扱っていたのであり、昭和35年当時、少なくとも石綿の吸入が人の生命、健康に重大な損害を被る危険性があることを予見することが可能であったのであるから、昭和40年以降、労働者が石綿粉じんをできるだけ吸入しないような措置をとること、具体的には、労働者に対して防じんマスクなどの呼吸用保護具を支給し、労働者が作業着や皮膚に付着した石綿粉じんを吸入することがないように石綿粉じんの付着しにくい保護衣や保護手袋などを支給をするとともに石綿の人の生命・健康に対する危険性について教育の徹底を図るとともに、防じんマスクは吸気抵抗のため、呼吸が苦しくなって着用を嫌うことが考えられるから防じんマスク着用の必要性について十分な安全教育を行う義務がある。しかし、Y社は、当時、トラクター運転手を含む港湾労働者に防じんマスクを支給しておらず、ガーゼマスクを支給していただけであり、その支給時期も明らかではない。また、Y社が保護衣や保護手袋を支給したことを窺わせる証拠はない。

　以上により、Y社には安全配慮義務違反がある。

　なお、付言すれば、中皮腫の医学的知見時期は、その後の裁判例によると昭和47年頃とされているので、じん肺法施行時の昭和35年とするのはいささか早すぎた感があるが、結論には影響はないであろう。

　なお、賠償額は総額で、約3,367万円とされている。

ポイント

- 被災者Aの遺族である妻（X1）と子（X2）
- 被告Y社は港湾荷役や倉庫業を営む会社
- トラクター運転手として11年間勤務
- 中皮腫、死亡
- 賠償額：約3,367万円

事例9 渡辺工業事件
（大阪地裁平成22年4月21日判決、労働判例1016号59頁）

　被告Y社は、石綿製品の製造販売、パッキングの販売等を業とする会社であり、被災者X1（女性）は昭和37年9月にY社に入社して昭和59年に退職するまで約21年間、工場内に於いて農耕用クラッチ（クリソタイル（白石綿）含有）の組立等を手作業で行っていた。その後、X1は平成18年1月には石綿肺及び肺結核と診断され、じん肺管理区分2と判断された。その結果、労災認定を受けた。さらに、その後、びまん性胸膜肥厚がみられるようになり、肺機能が悪化し、平成21年3月4日には管理区分4の認定を受けた。

　原告X2はX1の娘であるが、X1の発症により、介護や各種申請手続等の負担を負い、精神的苦痛を受けたとしてY社に対して損害賠償請求を行った。

　判決は、被災者X1の罹患とY社の工場内の作業との因果関係を認め、さらに、「・・・石綿粉じんが人の生命、健康を害する危険性を有するものである以上、Y社は、石綿製品の製造、加工等を営む事業者として、昭和35年に上記じん肺法が施行されたこと等の経過を踏まえ、遅くともX1が就労した昭和37年頃までには、少なくとも石綿に関連する法規制を把握し、これに従うことはもちろん、十分に情報収集をするなどして石綿粉じんの健康被害等の危険性や対策について把握することは可能であったし、行うべきであったということが相当である。」と判断し、その予見可能性を認め、さらにそれを前提として安全配慮義務の違反があるか否かについて判断をした。

　そして、判決は、「Y社において、適切な局所排気装置等の設置による粉じん発生の抑制等の措置をとる義務等の履行がなされたものと認めることはできず、・・・X1らクラッチ組立班の従業員らに適切なマスク等の保護具の着用が指示された事実も認められない。」、「・・・被告は、労働基準監督署の担当者の指導に従って、各従業員に対し、マスク、手袋を交付して着用を義務付けていた旨を主張する。・・・しかしながら、X1がマスクを着用せず、また着用するようY社から指導されたこともなかった。」、「また、X1は、じん肺健康診断及び改正特化則による特殊健康診断を受けたことがなかったものである。また、Y社が石綿粉じんに関するじん肺予防及び健康管理に必要な教育をした事実も認める

ことはできない。」として安全配慮義務違反があることを認めた。

その結果、Y社に被災者X本人に対し2,290万円、子どもに対し110万円で、合計2,400万円の賠償義務を認定した。

> **ポイント**
> ・元従業員（X1）と子ども（X2）の2名
> ・被告Y社は石綿製品の製造販売・パッキングの販売会社
> ・農耕用クラッチの組立作業
> ・21年間
> ・びまん性胸膜肥厚、じん肺管理区分4
> ・賠償額：元従業員X1に2,290万円、その子どもX2に110万円

| 事例 10 | **本田技研工業事件**
（東京地裁平成 22 年 12 月 1 日判決、労働判例 1021 号 5 頁） |

　被告Y社は、大手の自動車メーカーである。原告Xは、昭和43年4月に、被告Y社の子会社であるS社に採用され、1年7か月間その工場で自動車整備工として勤務した。その後、Y社は、S社を吸収合併している。Xは、S社を退社した約37.5年後に悪性中皮腫を発症し、S社を吸収合併したY社に対して、S社の安全配慮義務違反を理由として損害賠償請求訴訟を提起した。

（1）因果関係

　判決は、まず、粉じんの曝露と中皮腫発生の因果関係について、次のように判示した。

　本件工場において、工場全体に粉じんが立ちこめるような状況であったとまではいえないにしても、狭い空間にリフトアップ又はジャッキアップされた自動車が数多く並び、その下に潜り込むような形で整備作業が行われていたことから、整備員1人当たりの作業空間は相当に限られていたものであり、そのような空間においてXは、使用が黙認されていたエアガンを用い、圧縮空気によりブレーキドラム内に溜まった微細な摩擦屑を吹き飛ばす作業を行っていたのであるから、少なくともXの周囲の作業空間においては、エアガンを使用する度に局所的に相当濃度の粉じんが発生飛散していた。本件工場においては、1日1人当たり3、4台を処理していたから、ブレーキドラムの点検作業のみをとっても1日12ないし16回程度は粉じんが発生、飛散していたことになる。その間床面は水洗いはされていなかったから、Xが動く度に床面に堆積した粉じんが再び飛散することを繰り返していた。そして、ブレーキ制動時の摩擦熱や摩耗によりブレーキライニングに使用されていたクリソタイルもあったのであるから、上記作業によりXが吸引した粉じんの中には、相当量のクリソタイルが含まれ、その中には悪性中皮腫が発症されるに十分な長さのものも相当数含まれていた高度の蓋然性が認められる。

　また、マフラーの構成部品であるガスケットの交換作業に際しては、車体の下に入り、仰向けの状態で、直上でアスベスト布製のガスケットを引き剥がす

作業を行い、ガスケットの屑や粉じんが顔に落下したこともあったのであるから、上記作業中、クリソタイルを含有する粉じんを直接吸引したものと認められる。

（2）安全配慮義務

続いて判決は、S社・Y社の安全配慮義務違反について、次のように述べている。

わが国においても、戦前から、石綿の危険性は指摘され、遅くとも昭和35年じん肺法が制定されたころまでには、広く一般的に石綿肺を含む危険性に関する知見が確立していた。また、本件当時、少なくともわが国の研究者や関係行政庁においては、石綿が発がん性を有するとの認識が相当程度深まっていた。従って、少なくともY社のような大企業においては、石綿が人の生命、身体に重大な障害を与える危険があることを十分認識し、又は認識すべきであったと解するのが相当である。そして、S社はY社の子会社なのであって、本件工場も実質的にはY社の直営整備工場のような位置づけにあり、Y社から指導員等が出向していたのであるから、同工場においても、石綿の危険性を認識することができたというべきである。

以上によれば、S社は、昭和43年及び昭和44年当時、本件工場における石綿肺その他のじん肺の危険性を認識することができたというべきであるから、労働者を石綿粉じん曝露から保護する措置を講ずべき義務を負っていたと解するのが相当である。

具体的には、S社には、常時上記作業に従事する労働者に対し定期的にじん肺健康診断をし、じん肺の予防と健康管理のための必要な教育を行い、また、粉じんの発散を防止、抑制するための適切な措置を講じ、さらに、保護具を使用させるなどの適切な措置を講ずべき義務があったといわなければならない。

本件工場においては、本件当時、エアガンを使用して石綿を含有するブレーキライニングの摩擦屑等を吹き飛ばしている者がおり、S社としてもそのことを認識していたのであるから、粉じん発生を防止、抑制すべく、エアガンによるブレーキドラム等の清掃を禁止したり、水洗いによる床面清掃を徹底し、一定の場合にマスク等の保護具の着用を義務付けるなどの適切な措置を取るべき義務を負っていたということができる。

しかるに、S社は、本件当時、定期的なじん肺健康診断を実施せず、労働者

に対し、じん肺の予防に関する教育を行わず、エアガンの使用を黙認し、工場本屋において、水洗いによる床清掃を1週間ないし1か月に1回という頻度でしか行わず、マスクの支給もしていなかったのであるから、労働者に対して採るべき安全配慮義務に違反していたというべきである。そして、合併によりS社を権利義務を包括的に承継したY社は、Xに対する安全配慮義務違反に基づく責任を免れない。

（3）就労期間の短さ、曝露から発症までの長さ

本件では、原告Xの就労期間が約1年7か月と短いこと、及び粉じん曝露から37.5年経過していたことから、Y社は、Xの罹患は整備工場での石綿粉じん罹患とは別の原因によるものであるとしてその因果関係を争ったが、判決は、1年7か月という短期間で悪性中皮腫に罹患するのかという点について、判決は「労災認定事例に基づく統計資料によれば、石綿曝露期間が1.5年という事例も認められるところであるから、Xは、約1年7か月にわたる自動車整備工としての就業期間中、相当数のクリソタイル粉じんを吸引したものと認められ、その中には悪性中皮腫を発症させるに十分な長さのクリソタイル繊維が相当数含まれているというべきである。」と判断した。また、曝露から発症までの潜伏期間が37.5年間と長いことについても、労災認定事例の統計資料から、悪性中皮腫においては、潜伏期間の平均値が38.8年、中央値が39.3年となっており、Xの場合もそれに合致しているということで、因果関係は肯定されている。Xの自動車整備工後の職業が飲食店や農業に従事していたことなどからして、他の石綿粉じん職歴はないことも因果関係を肯定する判断の基礎にあったことは疑いない。

なお、付言するに、この事件でも、企業における知見の時期を、「遅くとも昭和35年にじん肺法が制定されたころまでの間には、広く一般的に石綿肺を含む危険性に関する知見が確立していた」と判断しているが、悪性中皮腫はじん肺ではないが、じん肺法が制定された時点で石綿肺は、じん肺の中でも重篤なものとされており、石綿粉じんが呼吸器にとって有害であろうことは当然のことと思われ、昭和35年という判断はあり得ると思われる。

賠償額は約5,437万円であった。

> **ポイント**
> ・被災者本人X
> ・被告Y社は大手自動車会社
> ・自動車整備工で1年7か月
> ・約37年6か月後に悪性中皮腫
> ・被告Y社の予見可能性の時期は昭和43年、44年頃
> ・賠償額：約5,437万円

事例 11	リゾートソリューション事件

（さいたま地裁平成 23 年 1 月 21 日判決、判例時報 2105 号 75 頁）

　被告Ｙ社は、日本エタニットパイプという石綿管を製造する工場を経営していた会社である。原告Ｘ１～Ｘ５は、元従業員がＹ社の工場で勤務していた亡Ａ、亡Ｂの遺族である。

　亡Ａの遺族が子Ｘ１、子Ｘ２であるが、亡Ａは、昭和 21 年 3 月から昭和 49 年 3 月までＹ社の工場で勤務しており、亡Ｃ（亡Ａの弟）は昭和 44 年 1 月から昭和 61 年 1 月までＹ社の工場で勤務していた。亡Ａは昭和 50 年 5 月に死亡した。なお、Ｘ１とＸ２は、同居していた亡Ａ、亡Ｃ（亡Ａの弟）が仕事により付着していた石綿粉じんにより自ら石綿粉じんに曝露して被害を受けて間接被害を受けたと主張した。

　亡Ｂの遺族が子Ｘ３～Ｘ５であるが、亡Ｂは昭和 23 年 7 月から昭和 46 年 4 月までＹ社の工場で勤務していた。亡Ｂは昭和 62 年 1 月に死亡した。

　亡Ａ、亡Ｂ、亡Ｃらは石綿肺、悪性中皮腫、石綿による肺がん等に罹患して死亡した。

　Ｘ１、Ｘ２は亡Ａが死亡したのはＹ社がその安全配慮義務を怠ったからである、さらに、自らも被害を受けたのはＹ社の過失による不法行為責任があるとしてＹ社に対して損害賠償請求訴訟を提起した。Ｘ３～Ｘ５は亡Ｂが死亡したのはＹ社が安全配慮義務を怠ったからであるとして、Ｙ社に対して損害賠償請求訴訟を提起した。

　判決の内容は、以下のとおりである。

1　被告Ｙ社の石綿の有害性の知見

　海外においては、1930 年代から 1940 年代にかけて石綿関連事業に従事する労働者の石綿曝露と石綿肺、石綿肺と中皮腫等との関連性が主張され、石綿に関する種々の規制が採られ始めたこと、わが国においても、昭和 12 年以降、石綿粉じんの医学的影響についての調査が行われ、昭和 15 年には石綿肺と石綿関

連事業への就労との関連性が明らかにされたことに加え、これらの所見を背景として、昭和31年の「特殊健康診断指導指針について」と題する通達において、特殊健康診断が推奨される「有害又は有害のおそれのある主要な作業」に「石綿又は石綿を含む岩石を掘削し、破砕・・・作業」や「石綿をときほぐす場所における作業」などが列記され、石綿粉じんを生じる作業への規制が明確にされたこと、さらに、昭和35年3月に制定されたじん肺法においても、同法が適用される「粉じん作業」として「石綿をときほぐし、合剤し、吹付けし、梳綿し、紡糸し、紡織し、積み込み、若しくは積み卸し、又は石綿製品を積層し、縫い合わせ、切断し、研まし、仕上げし、若しくは包装する場所における作業」と明記され、使用者に対して粉じんの発散の抑制、保護具の使用その他について適切な措置を講ずるよう努めることや常時粉じん作業に従事する労働者に対してじん肺に関する予防及び健康管理のために必要な教育を行うことが義務付けられたことなどの法令の整備状況に照らせば、遅くとも旧じん肺法が制定された昭和35年頃までには、石綿関連事業の作業員が石綿粉じんに曝露することによりじん肺その他の健康・生命に重大な損害を被る危険性があることについて、Y社を含む石綿を取り扱う業界にも知見が確立していたものということができ、Y社においても、遅くとも昭和35年頃までには、労働者が石綿粉じんに曝露することにより健康被害を生じること、すなわち職業性曝露の危険性についての予見可能性があったというべきである。

2　安全配慮義務の消滅時効

　雇用契約上付随義務としての安全配慮義務の不履行に基づく損害賠償請求権は、民法167条1項により10年とされ、その起算点は同法166条1項により、損害賠償請求権を行使し得る時であり、本件においては、客観的に損害が発生したとき、即ち、本件元従業員らの死亡の時から時効期間が進行すると解するのが相当である。

　その結果、亡Aの死亡が昭和50年5月、亡Bの死亡が昭和62年1月であり、訴え提起時には既に10年が経過しており、消滅時効に係っている。

　いずれも請求は棄却された。

3 X1、X2らの間接損害に対する不法行為責任と予見可能性について

　Y社は、本件元従業員らの家族に対して安全配慮義務を負わないとしても、Y社は、その従業員が作業着やマスクを自宅に持ち帰ることにより従業員の家族が石綿粉じんに曝露することや、Y社工場周囲に石綿粉じんが飛散し、また、関係者以外の者が工場に立ち入ることにより、近隣住民が石綿粉じんに曝露することなどを回避するよう措置を講じるべき義務を負うべき場合があるというべきである。

　労働省労働基準局長は、昭和51年5月22日付で、各都道府県労働局長に対し、「石綿粉じんによる健康障害予防対策の推進について」(基発408号)を発したが、それには、石綿粉じんの発散防止抑制について、「石綿により汚染した作業衣も二次発じんの原因ともなる。また、最近石綿業務に従事する労働者のみならず、当該労働者が着用する作業衣を家庭に持ち込むことによりその家族にまで災わいの及ぶおそれがあることが指摘されている。このため、関係労働者に対しては、専用の作業衣を着用させるとともに、石綿により汚染した作業衣はこれら以外の衣服等から隔離して保管するための設備に保管させ、かつ、作業衣に付着した石綿は、粉じんが発散しないよう洗濯により除去するとともに、その持ち出しは避けるよう指導すること」などとされていた。

　Y社が石綿粉じんの間接曝露による健康被害についての予見が可能になったのは、早くとも、昭和51年以降であったと認めるのが相当である。

　X2は間接曝露が昭和51年頃までであるのでY社の予見可能性はなく、X1については現時点では胸膜肥厚斑は出ていないとして請求は棄却された。

> **ポイント**
> - 被災者亡A、亡B、亡Cは被告Y社の石綿管を製造する工場で勤務
> - 被災者Aは昭和21年3月から昭和49年3月まで勤務、石綿肺で死亡。被災者Aの遺族は子ら（X1、X2）であるが、X1、X2は亡Aと亡Aや亡Cの持ち帰った粉じんで健康被害にあったと主張したが、認められず
> - 被災者亡Cは亡Aの弟で、昭和44年1月から昭和61年1月まで工場で勤務したが、肺がんで死亡
> - 被災者亡Bは昭和23年7月から昭和46年4月までY社勤務し、悪性中皮腫で死亡。被災者亡Bの遺族は子ら（X3～X5）
> - Y社の予見可能性は、昭和35年頃には存在
> - 亡A、亡Bともに、死亡から10年以上経過しての訴え提起であり、請求権は時効消滅しており、請求棄却
> - X1は損害がない。X2はY社の予見可能性はないので、いずれも請求棄却

事例 12	**日本通運・ニチアス事件** （大阪地裁平成 23 年 3 月 30 日判決、判例時報 2133 号 41 頁）

　原告Ｘ１は亡Ａの妻、原告Ｘ２、Ｘ３は亡Ａの子である。亡Ａは、昭和31年４月に自動車貨物運送業を営む被告Ｙ１社に勤務していたが運転手ではなく正社員の事務員として勤務し、平成９年に定年退職した。被告Ｙ２社は、石綿製品の製造販売等を目的とする会社であるが、その王寺工場では、石綿ジョイントシートやグランドパッキンなどのシール材、石綿保温材、石綿糸・石綿織布などの紡織品を製造していた。Ｙ１社はＹ２社王寺工場で用いる石綿原料の搬入・運搬、石綿製品の搬出・運搬を取り扱っていた。亡Ａは、昭和44年７月１日から昭和46年８月末まで、Ｙ１社の王寺支店（Ｙ２社の王寺工場内にある）にてＹ２社担当の主任として、Ｙ２社の王寺工場に常駐して、Ｙ２社から委託された石綿製品の原料となる石綿原綿または原石の運搬・搬入業務や、石綿製品出荷のための運搬・搬出業務の事務作業のみならず、その業務に立ち合いこれを手伝う等して石綿粉じんに曝露した。亡Ａは定年退職後の平成13年12月に、胸水が確認され、平成14年４月に悪性胸膜中皮腫と判断され、平成17年２月に死亡した。原告Ｘ１らは、被告Ｙ１社、Ｙ２社に対して安全配慮義務違反を理由に損害賠償請求訴訟を提起した。

（１）亡Ａの業務内容と石綿粉じんの曝露

　判決は、まず亡Ａの業務内容について、亡Ａの王寺支店在中の主たる仕事は、製品・原料の数量や種類のチェック、伝票の整理、Ｙ２社との打ち合わせ、Ｙ２社に対する営業活動であった。そして、その在任期間の約２年２か月間の勤務日は、月１、２回王寺支店で一日中勤務するほかは、午前９時頃に王寺工場の倉庫に行って仕事を行い、昼食時に王寺支店に戻り、午後からは再び王寺工場の倉庫内で仕事を行っており、ほぼ１日中王寺工場内で仕事をしていた。勤務時間は平均して１日５、６時間であったと認定した。

　その上で、亡Ａの粉じんの曝露について、亡Ａの王寺支店の事務机はＹ２社王寺工場内の倉庫に設置されており、その倉庫内の石綿製品は、特に密封等されてはおらず、麻袋や紙袋に入れられており、紙で巻かれて箱に入れられていたこと

から、運搬される際はもちろん、保管されている間も石綿粉じんが発生し、飛散していた。従って、亡Aは、その倉庫内の事務机で伝票の整理や打ち合わせに従事する間に、長時間にわたり石綿粉じんに曝露する機会があったとした。

(2) Y1社、Y2社の安全配慮義務違反

そして、被告Y1社、Y2社の安全配慮義務違反の責任につき、(1) 被告Y1社の安全配慮義務としては「Y1社は、亡Aとの雇用契約の付随的義務として信義則上、その生命及び健康を危険から保護するよう配慮すべき安全配慮義務又はそのような社会的関係に基づく信義則上の注意義務を負うものである。」とし、(2) 被告Y2社の安全配慮義務としては、「Y2社は、亡Aが、王寺工場内の倉庫内に常駐し、Y1社の業務のうちのY2社の業務を行っていたことを認識していたのであるから、石綿の危険性等を認識し、石綿を長年にわたって取り扱っており、種々の取組をしてきたことも総合勘案すれば、Y2社は、亡Aに対し、石綿による危険を管理し、その危険に対する安全対策を取ることができる地位にあったものであり、雇用関係に準じる特別な社会的接触の関係が存するものと認めることができる。よって、Y2社も亡Aに対して安全配慮義務を負う。」と認定し、いずれも安全配慮義務違反があると判断した。

(3) 亡Aの過失の相殺

但し、本件では、亡Aへの過失相殺を認めている。即ち、「亡Aは、Y1社の王寺支店に在任中は、Y2社担当の主任で、かつ、衛生責任者であり、また、社会保険労務士の資格も有していた。このような亡Aの立場や法令の定めによれば、亡Aにおいても、石綿に曝露する危険を防止又は低減させるために、支店に対して防じんマスクを支給するように求めるなどの措置を取るべきであったというべきであるが、そのような措置を取らなかったものである。そうすると、亡Aの石綿粉じん及び曝露、中皮腫発症並び死亡については、亡Aにも一定の責任があったというべきであり、損害の公平な分担という観点から、過失相殺として損害額から1割を減じるのが相当である。」と判断した。

なお、安全配慮義務違反の内容としては次のとおりである。

<具体的な安全配慮義務違反の可否>

	被告Y1	被告Y2
①散水・噴霧による湿潤化	○	○
②換気装置	×	×
③隔離措置・粉じんのない空間の確保	○ Y2社に対する改善の申し入れをすべき	○
④防じんマスクを使用させる義務	○	○
⑤粉じん濃度の測定義務	×	×
⑥安全教育・安全指導を行う義務	○	○
⑦石綿の有害性・危険性の警告義務	―	○

(○は義務違反を肯定、×は否定)

ポイント

- 被災者亡Aは被告Y1社の社員、被告Y2社の工場に2年2か月赴任
- 原告等は、亡Aの妻（X1）と子2名（X2,X3）
- Y1社は運送会社、Y2社はアスベスト製品の製造会社
- 昭和31年Y1社入社、平成9年定年退職
- 昭和44年7月～昭和46年8月までの2年2か月、Y2社の工場内で勤務
- 悪性中皮腫・死亡
- Y1社、Y2社に責任あり
- 亡Aへの過失1割（過失相殺）
- 賠償額：約2,620万円

事例 13　サノヤス・ヒシノ明昌事件
（大阪地裁平成 23 年 9 月 16 日判決、労働判例 1040 号 30 頁）

　亡Aは、船舶の建造・修繕等を目的とする被告Y会社の下請会社であるB会社に勤務していた。B社はY社の作業所である製造所内で修繕業務を請負っており、亡Aは、昭和42年4月から平成18年12月まで、約40年間作業に従事しており現場監督であった。退職後、平成21年8月頃、中皮腫に罹患して、平成22年9月に死亡した。
　原告X1～X4は、亡Aの妻と子ら3名である。X1～X4は、Y社の安全配慮義務違反により、亡Aは中皮腫に罹患して死亡したとして、Y社に対して損害賠償請求訴訟を提起した。

（1）亡Aの石綿曝露と中皮腫
　判決は、まず、亡Aが罹患した中皮腫について、中皮腫の発生機序は現在においても未解明の部分が多いが、中皮腫の原因の大半は石綿曝露によるものであり、石綿の他にエリオナイト（繊維状ゼオライトの一種）がその原因物質であることが知られているほかは、他の物質が中皮腫の原因となることを疫学的に立証する研究はほとんどない。石綿に曝露しただけでも中皮腫に罹患する危険性があること、初回の石綿曝露から中皮腫罹患まで平均40年程度の長い潜伏期間があることがあげられる、と認定した。
　その上で、亡Aの作業内容と石綿の曝露につき、本件製造所での船舶の修繕作業においては、断熱材の取り外し作業は主として専門業者が行っていたものの、亡Aを含む作業員がその現場で別の作業をすることもあったことが認められ、その際、亡Aを含む作業員が石綿に曝露する機会があったというべきである。そして、一般に石綿製品を取り扱う際には石綿粉じんが飛散することがあることに加え、実際に本件製造所内の作業においても、断熱材の取り外し作業に立ち会ってしまうと、「ちくちく」としたかゆみを感じるほどの石綿粉じんに接することがあったのであるから、亡Aは、本件製造所内での作業の中で、石綿粉じんに曝露しており、その程度は健康被害を惹起するのに十分なものであったということができる、と判断した。

（2）Y社の予見可能性

　被告Y社の安全配慮義務の点については、まず、Y社の予見可能性について検討し、Y社の予見可能性については、「安全配慮義務の前提として、使用者が認識すべき予見義務の内容は、生命・健康という被害法益の重大性に鑑み、安全性に疑念を抱かせる程度の抽象的な危惧であれば足り、必ずしも生命・健康に対する障害の性質、程度や発生頻度まで具体的に認識する必要はないというべきである。これを本件についてみると、・・・遅くとも第9回国際癌学会の結果が報告された昭和42年頃までには、少なくとも我が国の研究者や関係行政庁においては、石綿が発がん性を有し、中皮腫とも強い関連性を有していることの認識が相当程度深まっていたということができる。そうすると、造船作業の現場において一般に大量の石綿が使用されていることに照らせば、造船会社であるY社においても、遅くとも亡Aが本件造船所内に作業を開始した昭和42年頃までには、石綿が人の生命、身体に重大な影響を与える危険があることを十分に認識することができ、かつ、認識すべきであったといえる。」と判示した。

（3）元請会社の安全配慮義務

　その上で、一般に、元請会社であるY社の責任を問うにつき、元請会社が下請会社の労働者に対して実質的に支配を及ぼしている場合に、元請会社は、下請会社の従業員についての安全配慮義務を負うものといえる。亡Aは、Y社の下請会社であるB社の従業員として、Y社の管理する本件製造所での修繕作業に従事していたこと、B社の従業員はY社の定めた安全規則等を遵守することを義務付けられていたこと、本件製造所においては、Y社の従業員が現場監督を務め、亡Aを含む作業員に対して作業や安全管理などについて指示をし、B社の従業員は、Y社の作業員と同様に、Y社によって作業を管理されていたというべきであるから、Y社は亡Aに対し、実質的に使用者に近い支配を及ぼしていたというべきである。

（4）Y社の安全配慮義務

　具体的なY社の安全配慮義務違反の内容について、Y社は、遅くとも昭和42年頃までには、石綿の有する危険性を認識できたというべきであり、亡Aが本件製造所で勤務する際に石綿に曝露することで重大な健康被害を被るおそれが

あったことを予見できたというべきであるから、同年以降、作業員が石綿粉じんを吸引しないようにするための措置を取るべきであった。そして、Y社は同年以降、安全配慮義務の具体的内容として、a石綿粉じんの生じる作業とそうでない作業を隔離するなどして可能な限り作業員が石綿粉じんに接触する機会を減少するような作業環境を構築するとともに、作業場に堆積した粉じん等が飛散しないように散水等をする設備ないし態勢を整える義務（作業環境管理義務）、b粉じんの飛散するおそれのある場所で作業する作業員が石綿粉じんを吸引しないように、作業員に対して防じんマスクを支給し、その着用を指示指導するなどして、作業員の防じんマスク着用を徹底させ、作業着や皮膚に付着した粉じんの吸入を防ぐため、粉じんの付着しにくい防護衣等を支給し、付着した粉じんを洗浄できる設備を整え、作業後には必ず粉じんを落とすことができるように指導する義務（作業条件管理義務）、cこれらの態勢や作業環境を整えるとともに、作業員にも石綿粉じんの危険性を認識させるため、必要な安全教育を実施する義務（健康管理義務）を負っていたというべきであると判断した。

（5）賠償額

損害賠償額は、約4,650万円となっており、妻X1に約2,312万円、X2〜X4にはそれぞれ約771万円となり、それなりの金額といえる。

ポイント

- 原告らは、被災者亡Aの妻（X1）と子3名（X2〜X4）
- 被告Y社は船舶の建造・修繕工場で、亡Aは、下請業者の従業員（現場監督）として勤務
- 昭和42年〜平成18年12月
- 中皮腫、死亡
- 昭和42年頃までに予見可能性あり
- 賠償額：約4,650万円

事例 14　中部電力（浜岡原発）事件
（静岡地裁平成 24 年 3 月 23 日判決、労働判例 1052 号 42 頁）

　亡Ａは、訴外Ｂ社に雇用されて、浜岡原発のポンプ、焼却炉の分解、点検、手入れの作業を行っていた。工事の発注者は被告Ｙ１社であり、それから請負っているのが被告Ｙ２社、さらに孫請が被告Ｙ３社であり、訴外Ｂ社はＹ３社から作業を請け負っていた。

　亡Ａは、昭和 61 年 9 月にＢ社に入社し、原子力発電所内で、ポンプの分解、点検、手入れ作業の中で、パッキン（クリソタイル石綿の含有率が 65％～80％）の除去、取り替え作業をしていた。亡Ａは、平成 16 年 8 月 30 日、腹部の異常を訴えて入院し、9 月 9 日に、腹膜原発悪性中皮腫と診断され、平成 17 年 6 月 8 日に 39 歳にて死亡した。労働基準監督署長は、業務災害と認めてＸ１に遺族補償を支給した。亡Ａの妻Ｘ１と子供Ｘ２、Ｘ３が、被告をＹ１社、Ｙ２社、Ｙ３社として損害賠償請求訴訟を提起した。

（1）Ｙ２社、Ｙ３社の責任

　判決は、Ｙ２社、Ｙ３社の責任について、「・・・シール材は、明治時代に生産が開始された我が国における代表的な石綿製品であり、継続的にシール材を取り扱っていたＹ２社、Ｙ３社は、当然、シール材にアスベストが使用されていたことを認識していたものと推認できる。仮に、Ｙ２社及びＹ３社がシール材にアスベストが含有されていることを認識していなかったとしても、上記のような点に鑑みれば、Ｙ２社及びＹ３社は、シール材にアスベストが含有されていることについて予見可能であったことが認められる。」と判断した。その上で、Ｙ２社、Ｙ３社は、「・・・労働者が石綿の粉じんを吸入しないようにするために万全の措置を講ずべき注意義務を負担していたものと解される。」として、「具体的に、Ｙ２社及びＹ３社には、アスベストが使用されている材料をできる限り調査して把握し、Ｂ社の現場作業指揮者や作業員である亡Ａらに対して周知すべき注意義務がある。また、アスベストの人の生命・健康に対する危険性について教育の徹底を図り、亡Ａに対してマスク着用の必要性について十分な安全教育を行うとともに、アスベスト粉じんの発生する現場で工事の進行管理、

作業員に対する指示等を行う場合にはマスクの着用や湿潤化を義務付けるなどの注意義務があった。そして、Y2社及びY3社は、平成11年まで上記の義務を自覚的に履行しておらず、平成11年末ころの労働基準監督署による指導をきっかけにして、マスクの着用や湿潤化の徹底及びアスベスト教育などのアスベスト対策を始めたものである。かかる経緯からすれば、上記義務を履行していなかったY2社及びY3社には安全配慮義務違反が認められる。」と判断した。

(2) 発注者Y1社の責任

結局、他方で発注者であるY1社については、注文者であり、亡Aからの労務の提供を受けるのと同視しうる関係にはないので安全配慮義務はなく、また、工作物責任についても、アスベスト非含有の代替品を使用することは当時として不可能ないし著しく困難であったとして、社会通念上、工作物が通常有すべき安全性を欠くということはできないとして、その損害賠償責任を否定した。

Y2社、Y3社の安全配慮義務違反を認定し、賠償額は、約5,345万円であった。

ポイント

- 被災者亡Aの妻(X1)と子供2名(X2、X3)らが原告
- 工事の発注者が被告Y1社、元請Y2社、一次下請Y3社、二次下請B社
- 亡AはB社に勤務して原発内でポンプ、焼却炉の分解、点検、手入れの作業
- 昭和31年9月～平成16年8月
- 腹膜原発悪性中皮腫・死亡
- Y1社の責任無し、Y2社、Y3社の責任あり
- 賠償額：約5,345万円

事例 15

（神戸アスベスト訴訟第 1 陣）
尼崎石綿工場周辺住民国家賠償事件
（神戸地判平成 24 年 8 月 7 日判決、判例時報 2191 号 67 頁）

　本件は、被告Y社の尼崎にある旧神崎工場（以下「本件工場」という）の周辺住民 2 名（亡A、亡B）が本件工場から排出された石綿（アスベスト）粉じんに曝露し、いずれも中皮腫に罹患して死亡したとして、亡Aの遺族X 1 と亡Bの遺族X 2 ～X 4 らが、被告Y社に大気汚染防止法 25 条 1 項、民法 709 条に基づき、被告国に国賠法 1 条 1 項に基づき、損害賠償請求をした事案である。
　亡Aは、昭和 29 年から昭和 50 年までY社の本件工場から南南東 200 メートルの地点にある機械工場で勤務しており、亡Bは、昭和 35 年 10 月から平成 9 年まで本件工場から東約 1400 メートル地点や、北東約 1100 メートルの地点で居住していたという関係であり、亡A、亡BともにY社の本件工場で勤務していた労働者ではなかった。

　判決の内容は以下のとおりである。

1　亡A、亡Bの石綿曝露との因果関係

　亡Aの勤務地については、全国の中皮腫発症リスクと比較して中皮腫発症リスクが高いと評価することができる範囲（距離別ＳＭＲ（標準化死亡比））であり、かつ中皮腫による死亡と相対濃度との間の関連性を肯定することができる範囲（相対濃度別ＳＭＲ（標準化死亡比））のいずれにも含まれているということができる。亡Aが中皮腫に罹患した要因である石綿粉じんの発生源が本件工場であると推認させる。以上より、亡Aが中皮腫に罹患した原因が本件工場以外の石綿粉じん曝露であった可能性は低く、昭和 32 年から昭和 50 年までの間に、本件工場から飛散した石綿粉じんに曝露したことによるものと認められる。
　他方、亡Bについては、距離別ＳＭＲからは、いずれの自宅も、その値だけをみれば全国の中皮腫発症リスクが高いと評価し得る範囲に含まれるものの、本件工場と関連性があるとは断定することはできず、また、相対濃度別ＳＭＲ

では、いずれも 95％の信頼区間の下限値が１を下回るため、中皮腫による死亡と相対濃度との間の関連性を肯定できる範囲には含まれていない。亡Ｂは、可能性という点では、尼崎市の他の工場等から飛散した石綿粉じんに曝露した可能性や、西成区の自宅に居住していたころに約 500 メートル離れた位置にあるＭスレートから発生飛散した石綿粉じんに曝露した可能性などもまた同様に否定できない。従って、亡Ｂが中皮腫に罹患した原因が本件工場から飛散した石綿粉じんに曝露したことによるものと特定することはできず、高度の蓋然性があると認めることはできない。

２　被告Ｙ社の責任

　Ｙ社は、本件工場において昭和 29 年から昭和 31 年まで白石綿を用いて、昭和 32 年から昭和 50 年まで白石綿及び青石綿を用いて、石綿セメント管を製造し、昭和 46 年から平成７年まで白石綿を用いて石綿含有建材を製造して石綿粉じんを発生させているが、これは本件工場の事業活動に伴う「粉じん」である石綿粉じんの大気中への排出・飛散により、亡Ａの生命を害したと認められ、47 年改正大気汚染防止法 25 条１項に基づく責任を負うというべきである。なお、同法 25 条１項は無過失責任を定めているが、石綿粉じんそのものに起因する健康被害には適用されないと解釈することはできない。

３　被告国の責任

（１）知見の時期

　国内において石綿粉じん曝露により肺がんが発症するとの医学的知見が成立したのは、動物実験において石綿による肺がんが認められ、また、複数の論文において石綿が肺がんの原因であることが指摘され、労働省労働基準局長が石綿粉じんが発がん性を前提として通達を発出した昭和 46 年頃である。

　国内において石綿粉じん曝露により中皮腫が発症するとの医学的知見が成立したのは、国内外における複数の文献において、疫学的調査や動物実験の結果に基づき、石綿が中皮腫の原因であることが指摘され、ＩＡＲＣ（国際がん研究機関）が石綿により中皮腫が発症することを明示した昭和 47 年頃である。

そして、昭和46年、47年頃には、未だ、疫学的データや曝露データが不足しており、石綿工場又は石綿取扱い事業場の周辺住民の中皮腫発症リスクが高いとの医学的知見は成立してはなかったというべきである。また、昭和50年の時点においても、石綿工場等の周辺住民の中皮腫発症リスクが高いとの医学的知見（大気中ないし石綿工場等の近隣における石綿粉じん曝露によって中皮腫が発症する、あるいは石綿曝露による発がん性に閾値がないとの知見）は成立していなかったのである。従って、昭和50年以前に、労働大臣、内閣総理大臣、国務大臣又は尼崎労基署長等が、石綿工場等から排出される石綿粉じんによって工場周辺住民が中皮腫を発症することを予見できたとはいえない。

（所　見）
　判決は、亡A、亡Bと本件工場からの石綿粉じん曝露との因果関係について、標準化死亡比（SMR）という手法を用いて判断した。SMRとは、ある集団の死亡率が、基準となる集団と比べてどの程度高いかを示す値である。その上で、亡Aは本件工場からの石綿粉じんとの因果関係を認めたが、亡Bについては本件工場からの石綿粉じんと特定することはできないとして因果関係を否定した。なお、亡Aは、その就労していた機械工場の就労においても石綿粉じんに曝露されていた可能性もあったが、判決はその可能性は低いとしてその機械工場との因果関係を否定した。
　次に、被告国の責任であるが、被告国の立法等の不作為の違法の責任が問われているが、亡Aが機械工場で勤務していた昭和50年時点では、周辺住民が本件工場によって飛散させられた石綿粉じんによって周辺住民が肺がん又は中皮腫に罹患するおそれがあるとの認識はなく、国に健康被害を防止するための立法義務を課することはできないと判断している。

第2編　石綿（アスベスト）関係訴訟

> **ポイント**
> - 被災者亡Aは被告Y社工場から200mの地点にある機械工場で勤務、被災者亡Bは被告Y社工場から1400m又は1100m地点で居住
> - 被告Y社の工場は石綿セメント管の製造
> - 亡Aの遺族妻(X1)、亡Bの遺族夫、子2名(X2～X4)が原告ら
> - 亡A、亡Bともに、中皮腫罹患で死亡
> - 被告Y社に対して、大気汚染防止法25条1項、民法709条、被告国に対して国家賠償1条1項による損害賠償請求
> - 被災者Aの中皮腫はY社工場からの粉じんが原因、被災者Bの中皮腫はY社工場との関連性は認められず
> - 被災者Aの遺族X1の請求は大気汚染防止法25条1項（無過失責任）により認められる
> - 被告国の中皮腫の医学的知見の時期は昭和46、7年頃であり、昭和50年以前に予見可能性はないとして請求棄却
> - 賠償額：X1名に対し約3,195万円、X2～X4は棄却

| 事例 16 | **リゾートソリューション事件**
（高松地裁平成 24 年 9 月 26 日判決、労働判例 1063 号 36 頁） |

　原告 X 1～X 6 らは、昭和 27 年から昭和 32 年の間に、被告 Y 社の高松工場で石綿セメント管の製造に携わっていた。Y 社は、アスベストを含有するセメント管であるエタニットパイプという石綿管で日本では特許を持ち、大量に製造していた。高松工場は大宮工場についで建設され、石綿管を製造していた。昭和 40 年代に入って石綿管の製造を減らし、昭和 44 年には事実上その操業を停止した。X 1 らは、その作業過程でアスベスト粉じんに曝露して石綿肺に罹患したとして、Y 社に対して、不法行為、又は、安全配慮義務違反による損害賠償請求訴訟を提起した。

（1）石綿肺の知見時期
　判決は、まず、石綿肺の知見の時期について、次のように詳細に認定した。
　「けい肺については、昭和 10 年 11 月に労働者災害扶助法にいう業務上疾病の一つとして規定されるなどして早期から研究が進められ、昭和 22 年には、労働基準法、同法施行規則により、粉じんを飛散する場所における業務によるじん肺症及びこれに伴う肺結核が業務上疾病として扱われることになり、疾病の範囲が「けい肺」から「じん肺」に拡大されたことが認められる。しかしながら、この当時、石綿を取り扱う一般民間企業において、石綿粉じんによる健康被害が周知されていたとも認められないことからすると、労働基準法の公布、施行をもって、石綿粉じんによる健康被害を予見することが可能になったとは認めがたい。その後、昭和 30 年に、けい特法が成立しているが、同法は、国内の金属鉱山で稼働する労働者と労働組合によるけい肺対策の取組みに起因するものであったために、保護対策となる疾病は、じん肺ではなく、けい肺に限定されていたのであって、やはり、石綿粉じんによる健康被害につき、予見可能になったと認めることはできない。
　昭和 35 年にじん肺法が公布・施行され、同法が適用される「粉じん作業」として、石綿をとぎほぐす作業等が明示され、使用者に対して粉じん発散の抑制、保護具の使用その他について適切な措置を講ずることを努めること、常時粉じ

ん作業に従事する労働者に対してじん肺による予防及び健康管理に必要な教育を行うことや定期的な健康診断を行うこと等が義務化された事に鑑みれば、じん肺法が施行された昭和35年頃においては、石綿を常時取り扱う民間事業者についても、石綿粉じんが生じる作業に従事する作業員が石綿粉じんに曝露するにより、健康被害を具体的に予見することが可能になったというべきであり、これを前提として結果を回避すべき義務が生じたというべきである。」

(2) Y社の安全配慮義務

判決は、Y社の安全配慮義務として、①石綿粉じん飛散抑制義務、②じん肺予防のための教育・指導義務、③石綿粉じん吸引防止義務、④早期発見、救護義務を負っていたと判断した。その上で、被告Y社には、①〜④のいずれについても安全配慮義務を尽くしていないとして安全配慮義務違反の責任を認めた。

(3) 損害の有無と賠償額

損害については、X1は管理区分2の合併症、X2は損害無し、X3は損害無し、X4は管理区分2で合併症無し、X5は損害無し、X6は管理区分2で合併症無しと判断した。損害賠償額は、管理区分2で合併症ありは1,300万円、管理区分2で合併症無しで1,000万円とされた。いずれも軽症のじん肺症であった。

> **ポイント**
> - 原告X1〜X6は、被告Y社の石綿管の製造工場勤務者
> - Y社工場は、昭和44年には操業を停止
> - X1〜X6はいずれもじん肺症に罹患したと主張
>   X1は管理区分2で合併症あり
>   X2、X3、X5はじん肺の所見無し
>   X4は管理区分2で合併症無し
>   X6は管理区分2で合併症無し
> - Y社の医学的知見の時期は、じん肺法成立の昭和35年頃
> - 賠償額：管理区分2で合併症ありは1,300万円、管理区分2で合併症無しは1,000万円

事例 17　山口工業事件
（東京地裁平成 24 年 10 月 30 日判決、労働経済判例速報 2160 号 11 頁）

　判決は、その労働者には石綿肺の所見が認められないこと、胸部Ｘ線フィルム、胸部ＣＴ検査等でも胸膜プラークの影は認められないこと、肺機能においても特段の障害はなく、石綿曝露歴は 10 年未満であることからして、石綿曝露があったこと、石綿肺及び石綿曝露を原因とする肺癌に罹患したことは認められない、その労働者の死亡は石綿曝露、石綿肺、石綿曝露を理由とする肺癌によると認めることはできないと判断して、労働者の相続人らの損害賠償請求は棄却したという事案である。

　この労働者は、じん肺管理区分 3 ロの決定を受けており、肺癌で死亡したことは争いがないので、判決の判断するように「石綿曝露、石綿肺及び石綿曝露を原因とする肺癌」とは認められなくとも、別の主張での企業責任の追及方法はあったのではないかと考えられ、疑問の残る判決である。

　亡Ａは、昭和 42 年 4 月から昭和 63 年 9 月まで被告Ｙ 1 社に勤務し、建設、はつり等の業務を行い、つづいて昭和 63 年 9 月から平成 12 年 11 月まで被告Ｙ 2 社に勤務し、建設、解体、はつり工として勤務した。

　亡Ａは、平成 11 年頃からじん肺症、肺線維症、慢性気管支炎などと診断され、入退院を繰り返し、平成 19 年 11 月には東京労働局長よりじん肺管理区分 3 ロの決定を受け、平成 20 年 1 月に健康管理手帳を受けた。その後、平成 20 年 5 月に肺癌で死亡した。

　亡Ａの妻Ｘ 1、亡Ａと妻Ｘ 1 の間の子 4 名のうち 3 名（Ｘ 2、Ｘ 3、Ｘ 4）が、亡Ａは建設現場において大量の石綿粉じんに曝露してじん肺、肺癌等に罹患して死亡したとして、被告Ｙ 1、Ｙ 2 社に安全配慮義務違反による損害賠償責任を、被告国に石綿による健康被害が発生することを防止するために必要な規制権限を行使しなかったことが国家賠償法違反であるとして損害賠償請求訴訟を提起した。

　判決は、Ｘ 1 らの主張に則り、石綿肺に罹患したことを前提に、その原因物質は石綿粉じんに限定して、石綿粉じんを曝露したか否かに限定してそれが認められたか否かの判断をしている。

（1）石綿曝露と症状の検討

　判決の認定によると、石綿曝露の指標となる医学的所見としては、①胸膜プラークの病態がみられること、②気管支肺胞洗浄液又は喀痰の中に石綿小体がみられることが掲げられているが、平成19年9月のじん肺健康診断においては、X線検査、CT検査において胸膜プラークは確認されておらず、平成20年1月の医師の診断においても、X線検査、CT検査の結果では胸膜プラークがないとされている。

　また、平成19年9月のじん肺健康診断において、亡Aの喀痰等から石綿小体が確認されたとの記載はない。以上によると、亡Aについて、石綿曝露の指標となる医学的所見を認めることはできない。また、臨床による石綿肺の診断には、①10年以上の職業性石綿曝露履歴があること、②胸部X線で下肺野を中心にした不整形陰影を認めること、③他の類似疾患（突発性間質性肺炎、膠原病や薬剤性、感染症などによる間質性肺炎等）や石綿以外の原因物質による疾患を除外することが必要であるとされているが、亡Aにおいては、平成19年9月時点までに至る胸部X線検査において不整形陰影は認められておらず、また、10年以上にわたる石綿曝露歴も認めることができず、亡Aが石綿肺に罹患していたと認めることはできないと認定されている。そして、亡Aは平成19年11月にじん肺管理区分3ロに認定されているが、じん肺管理区分決定は、珪素や石綿等の粉じんが肺中に存在することまで確認するものではないから、同決定を受けていることを以て、亡Aが石綿肺に罹患していたと認めることができるものではないと認定した。

（2）石綿と肺がんの因果関係

　さらに、亡Aは肺癌のために死亡したが、その肺癌の原因について石綿が原因であったか否かにつき、石綿と肺癌との因果関係についての疫学的考察に基づいて規定された平成18年2月9日付厚生労働省労働基準局長による「石綿による疾病の認定基準について」に照らしてみると、亡Aについては、石綿肺の所見が得られておらず、胸部X線検査、胸部CT検査等により胸膜プラークが認められておらず、肺内に石綿小体や石綿線維が認められないことからして、亡Aの肺癌の原因については石綿曝露を原因とするものであると認めることはできず（改訂後の平成24年3月24日付厚生労働省労働基準局長基発0329第

２号でも同様）、その他、本件全証拠によってもこれを認めることができないと判断した。

(**所　見**)
　本件は、亡Ａについて、石綿肺であるとの認定ができず、また、亡Ａが石綿粉じんを吸引したということを認定することができないとして、原告Ｘ１らの請求を棄却した極めて珍しい事件である。ただ、石綿肺ではなくとも、じん肺管理区分３ロという東京労働局長の認定があり、被告Ｙ１社、Ｙ２社の作業が粉じんの発生する現場での作業であったことは間違いないと思われ、Ｙ１社で21年間、Ｙ２社で12年間、建設作業、解体作業、はつり作業を行っていたことからじん肺症に罹患し得る状況にあったと思われることからして、Ｙ１社、Ｙ２社での作業を主とする原因としてじん肺症に罹患したことは明らかであると思われ、請求棄却という判断が妥当であったか否かは疑問である。石綿肺ではないとしても広い意味でのじん肺であった可能性は高いのであり、これを原告Ｘ１らの主張が石綿肺であると限定しているということで請求棄却の判断をするというのは、紛争の現実的な解決という観点からすると、いかにも技巧的という印象を拭い切れない。

ポイント
- 被災者亡Ａの妻（Ｘ１）と３人の子（Ｘ２、Ｘ３、Ｘ４（４人のうちの３人））が原告
- 被告Ｙ１社勤務は、昭和42年４月から昭和63年９月まで建設、はつりの業務
- 被告Ｙ２社勤務は、昭和63年９月から平成12年11月まで建設、解体、はつりの業務
- じん肺管理区分３ロ、健康管理手帳の交付
- 肺がん、死亡
- 亡Ａには、胸部Ｘ線フィルム、胸部ＣＴ検査でも石綿肺の所見なし
- 亡Ａは石綿肺ではないとして、原告らの請求を棄却

事例18 山陽断熱外事件
（岡山地裁平成25年4月26日判決、労働判例1078号20頁）

　本件は、被告Ｙ１社に雇用されて、被告Ｙ２社の工場で勤務していた従業員とその相続人合計16名（生存原告１名（Ｅ）、死亡した従業員５名（亡Ａ、亡Ｂ、亡Ｃ、亡Ｄ、亡Ｆ）の相続人ら（Ｘ１～Ｘ15））が、石綿を含有する保温断熱材を使用して保温断熱工事を行わせた結果として石綿粉じんに曝露したために石綿肺や肺がんに罹患したとして、Ｙ１社及びＹ２社を相手どって、不法行為又は安全配慮義務違反による債務不履行責任として損害賠償請求をした事案である。

　判決は、まず、被告Ｙ１社と被告Ｙ２社の責任について判断した。

（１）被告Ｙ１社の責任
①予見可能性

　　Ｙ１社の従業員であった本件従業員らがＹ２社の工場内において従事していた保温断熱工事の際に粉じんが発生しており、Ｙ１社が使用していた保温断熱剤は、遅くともシリカが使用されるようになった昭和38年以降、石綿を含有していたのであるから、本件従業員らは、遅くとも昭和38年以降、Ｙ２社の工場における保温断熱工事の際に、石綿を含有する粉じんに曝露したと認められる。

　　遅くとも、じん肺法の制定後のＹ１社がシリカを使用するようになった昭和38年頃までには、石綿を含有する保温断熱材を使用した保温断熱工事に労働者を従事させていたＹ１社において、石綿粉じんへの曝露が生命、健康に重大な障害を与える危険性があることを認識することができ、かつ、認識すべきであったと認めるのが相当である。Ｙ１社は、零細企業であること、石綿の使用が完全には禁止されていなかったことを理由に昭和55年頃より前には石綿の危険性について予見可能性がなかったと主張するが、石綿の危険性に関する規制の一連の経過に鑑みれば、零細企業であることなどを理由に昭和38年の時点で予見可能性がないとはいえないから、Ｙ

Y1社の主張を採用することはできない。
②安全配慮義務の内容
　　　Y1社は、石綿粉じんが人の生命、健康を害する危険性を認識できたのであるから、石綿製品を扱い、石綿粉じんへの曝露を伴う作業に労働者を従事させる使用者として、本件従業員らの作業内容及び作業環境、本件従業員らが就業していた当時の知見及び法令等による規制を踏まえ、①発生した石綿粉じんを除去し、飛散を防止すると共に、本件従業員らが石綿粉じんを吸入しないように措置を講じる義務、②石綿を扱う作業に従事する本件従業員らに対して、石綿の危険性及び石綿粉じんへの曝露の予防について、教育や指導を行う義務を負っていたというべきである。

③Y1社の安全配慮務違反
　　　Y1社は、事務所内の作業場に局所排気装置を設置したり、作業場や作業現場において散水を行ったと認めることはできないし、Y2社に対してY2社の工場内に局所排気装置を求めたと認めることもできない。また、Y2社の工場内で保温断熱工事に同時に従事する従業員の人数と同数以上の呼吸用保護具が備え付けられていると認めることはできない。そうすると、Y1社は発生した石綿粉じんを除去し、飛散を防止するとともに、本件従業員らが石綿粉じんを吸入しないように措置を講じる義務に違反したと認められる。

　　　Y1社は、石綿を扱う作業に従事する本件従業員らに対して、石綿の危険性を教示すると共に、石綿粉じん曝露を予防するために、適切に防じんマスクの着用を指導したり、事務所内への石綿粉じんの流入を防止するために必要な措置をとるよう指導するなど石綿粉じんの曝露を予防するために必要な教育や指導を行う義務があったと認められるが、Y1社が必要な教育や指導を行っていたとは認められない。

（2）被告Y2社の責任
　　Y2社とY1社との間で請負契約が締結されているものの、Y2社と本件従業員らとの間に雇用契約は締結されていない。このような場合に、原則として注文者は請負人の労働者に対して安全配慮義務を負うものではないが、注文者

と請負人の労働者とが実質的な使用従属関係にあるなど、雇用契約に準ずる特別な社会的接触の関係に入ったと認められる場合には、信義則上、注文者は、請負人の労働者に対し、その生命及び身体等を危険から保護するように配慮すべき安全配慮義務を負うと解するのが相当である。

保温断熱工事について、Ｙ２社からＹ１社に対して、工事場所や納期等の指示はあったものの、工事内容についての指示はなく、Ｙ２社から交付される仕様書もＪＩＳ規格に従って作成されたに過ぎない。現場においても、工事内容について、Ｙ２社の従業員が本件従業員等に直接の指示を与えていたとは認められず、本件従業員らは、Ｙ１社の担当者の指揮命令に従って、保温断熱工事に従事していたと認められる。そうすると、Ｙ２社と本件従業員らとが、実質的な使用従属関係にあるとは認められない。従って、Ｙ２社の責任は認められない。

（３）賠償額

本件従業員らが、Ｙ１社に勤務して石綿粉じんに曝露し、そのことを原因とする石綿肺又は肺がんに罹患したこと、罹患後の経緯、Ｙ１社の安全配慮義務等違反の内容等本件に現れた一切の事情を考慮すると、亡Ａ〜亡Ｄ、亡Ｆについて死亡慰謝料を2,500万円、Ｅの慰謝料を2,000万円、亡Ａの遺族でかつ自らも作業者であったＸ１の慰謝料を1,000万円とするのが相当である。

（４）喫煙による素因減額

①石綿肺について

　石綿肺の罹患と喫煙歴との間の因果関係を認めるに足りる証拠はない。喫煙歴があることを理由に慰謝料額を減額にすることについては相当ではない。

②肺がんについて

　証拠によれば、喫煙歴も石綿曝露歴もない者の肺がん死亡率を１とすると、喫煙歴が無く石綿曝露歴のある者の肺がん死亡率は5.2倍、喫煙歴があり石綿曝露歴もない者の肺がんの死亡率は10.8倍、喫煙歴も石綿曝露歴もある者の肺がん死亡率は53.2倍であって、肺がんについて石綿曝露と

露と喫煙とが相乗作用を有する事が示されている。このように、喫煙が石綿粉じんへの曝露との相乗作用によって、肺がんの罹患に寄与していると認められる以上、肺がんに罹患し、喫煙歴のあると認められる以上、肺がんに罹患し、喫煙歴のある者の慰謝料額は、損害の公平な分担の見地から民法722条2項を類推適用して減額をするのが相当である。しかし、喫煙量及び喫煙期間と肺がんとの具体的な相関関係は明らかでないから、慰謝料の1割を減額するのが相当である。

> **ポイント**
> - 元従業員6名で5名死亡、生存者1名(E)、遺族(X1～X15)含めて16名が原告
> - 被告Y2社工場内で保温断熱工事、被告Y1社は雇用主でY2社からの業務の請負業者
> - 石綿肺、肺がん罹患
> - Y2社には責任無し。Y1社には責任あり。
> - 賠償額：慰謝料として、死亡2,500万円、生存者は2,000万円、遺族でありかつ作業者であった者1,000万円
> - 喫煙減額（過失相殺）：石綿肺なし、肺がん1割

事例19 住友重機械工業アスベストじん肺事件
（横浜地裁横須賀支部平成25年2月18日判決、労働判例1073号48頁）

　亡Aは、昭和16年に被告Y社との間で雇用契約を締結し、概ねY社の浦賀本工場において造船作業を続け、一旦1年ほど退職した時期はあったが、昭和60年6月30日に定年退職するまでの間、造船作業に従事してきた。亡Aは、Y社の在職中である昭和54年7月、昭和56年2月、昭和57年2月、昭和58年2月、昭和59年1月、同年11月に、それぞれじん肺管理区分2の認定を受けていた。その後、亡Aは、平成3年4月の検査で法定合併症である続発性気管支炎の認定を受けて労災補償を受け、平成12年9月に肺癌で死亡し、所轄労基署長は、相続人Xに対して遺族補償年金の支給決定をした。

　なお、亡Aは、生前の平成10年11月30日に、所属していた労働組合がY社と締結していたじん肺罹患者との賠償に関する合意書では賠償の対象とならないものの、その合意書に準じる覚書により、念書を提出してY社より障害補償金として金298万円を受領した。その署名押印した念書によれば、じん肺罹患に関する補償義務の一切が完了したことを確認し、今後何らの異議を述べず、何らの請求をしない旨が記載されていた。

　妻であり遺産分割協議により亡Aを単独で相続した原告Xが、被告Y社に対して、安全配慮義務違反による損害賠償請求訴訟を提起した。

（1）知見時期及び安全配慮義務の内容
　判決は、Y社の負担するべき安全配慮義務の内容について、まず、石綿じん肺の知見の時期について検討しており、「我が国においては、戦前より、石綿等の粉じんによる深刻な健康被害について、既に数々の調査、報告がなされていた上、昭和22年に施行された労働基準法及び労働安全衛生規則において、災害補償をするべき業務上疾病の一つとして、粉じんを飛散する場所における業務によるじん肺症及びこれに伴う肺結核を定めるとともに、使用者に対して、粉じん等による危害を防止するために、粉じんの発散防止及び抑制、保護具着用等の必要な各措置を講ずべき努力義務を課すなどしており、さらに、昭和35

年に制定された旧じん肺法及び同法施行規則においては、石綿を取り扱う場所における作業が「粉じん作業」に該当することが明らかにされていたと認められるのであって、こうした歴史的経緯等に照らせば、Y社は、遅くとも昭和 35 年ころまでには、Y社従業員が、Y社の運営する工場等における造船作業中に、石綿等の粉じんに曝露し、これにより、じん肺その他の深刻な健康被害を受ける危険性があることを十分認識し得たというべきである。」と述べて、遅くとも昭和 35 年頃と判断した。

その上で、「Y社は、使用者として、遅くとも昭和 35 年ころまでには、Y社従業員が、造船作業中に石綿等の粉じんに曝露することにより、じん肺に罹患し、あるいはじん肺を増悪させることがないようにするため、①粉じんが発生する場所における的確な換気装置の設置等の粉じんの発散防止及び抑制のための作業環境の整備、②適切な防じんマスク等保護具の支給及びその着用の徹底、③粉じんが発生する他職種の作業との混在作業の禁止又は抑制、④作業員に対する粉じん教育の徹底等といった、粉じん対策及び措置を講ずべき雇用契約上の安全配慮義務を認めるのが相当である。」と認定し、いずれの安全配慮義務も尽くしていないとしてY社の賠償責任を認めた。

（２）念書の有効性

続いて、亡Aの署名押印した念書の効力についてであるが、判決は、「Y社が支払う金員（金 298 万円）は、亡Aが当時罹患していたじん肺に対する障害補償金であり、同支払いにより同障害補償手続が完了したことを合意、確認したものであって、亡Aにおいて、Xが本訴で請求する死亡慰謝料の請求をしない（請求を放棄する）ことを約したものではないことが明らかであり、本件念書それ自体により本件請求ができないと解することはできない。仮に、亡Aが本件覚書の趣旨を受け容れて本件念書の作成に応じたと解することができるとしても、Y社が亡Aに支払った補償金 298 万円は、Y社において平成 20 年 4 月に改訂した補償規程では、亡Aのようにじん肺管理区分 2 であったものがその後死亡した場合に、Y社がその遺族に対して支払うべき死亡慰謝料額が 2,000 万円と定めていることに比して極端に低額である上、本件のように、使用者の安全配慮義務違反によりじん肺に罹患した労働者が、当該使用者から、その当時の症状に対応する極めて低額な補償しか受けていない場合に、労働者が使用者に対

して、当該補償を受ける際に、予め死亡慰謝料までをも放棄することは、労働者に一方的に不利益であることは明らかであり、かつ、合理性は全くなく、これを容認することは到底できない。従って、本件覚書の規定は、公序良俗に反するものとして無効というべきである。」として、覚書を無効として、Xの損害のY社への請求を認めた。

> **ポイント**
> ・被災者亡Aの妻Xが単独相続
> ・じん肺管理区分2、続発性気管支炎、肺がん死亡
> ・被告Y社の造船工場で、昭和16年から昭和60年6月まで1年間を除く43年間勤務し、造船作業に従事
> ・Y社の知見の時期は遅くとも昭和35年頃
> ・賠償金額：2,750万円（弁護士費用込み）

事例 20	**ニチアス文書提出命令申立事件** （抗告審：大阪高裁平成 25 年 6 月 19 日決定（労働判例 1077 号 5 頁）、一審：奈良地裁平成 25 年 1 月 31 日決定（判例時報 2191 号 123 頁））

　申立人 X 1、X 2 は、基本事件の原告らであり、基本事件においては相手方は被告 Y 社であり、Y 社の王寺工場において、十分な安全対策を施さないまま職務に従事した際、石綿粉じんの曝露を受け、石綿関連疾患に罹患したとして、相手方 Y 社に対して安全配慮義務違反又は不法行為に基づく損害賠償を請求しているが、その基本訴訟の中で、下記の 1 ～ 9 の文書につき、文書提出命令の申立をした。

（1）一審決定
　一審決定は、文書 1 についてのみその必要性を認め、相手方 Y 社に提出するよう命じたが、その余の文書 2 ～ 8 については、その必要性を認めず、申立を却下した。文書 1 について採用した理由は、「・・・基本事件において、従事した作業内容に概ね争いのない申立人 X 1 に関しても、職務に従事する中で石綿に曝露した事実があったか否かが争われていることに加え、申立人らは、申立人らのそれぞれの石綿曝露状況を明らかにしようとしていることが窺われることに照らすと、本件における主要な争点の一つは、申立人らが製造に従事していた製品等が石綿を含むものであったか否かという点に止まらず、申立人らが本件工場における勤務の過程で石綿に曝露した事実があるか否かであるというべきである。そして、本件工場においてどの作業場所でどの時期に石綿粉じんが飛散していたかが明らかになれば、申立人らが勤務の過程で石綿に曝露した事実があるか否かを推認する資料となり得るところ申立人らの掲げる立証命題が、基本事件の争点と関連性がないとはいえない。また、基本事件において、申立人らの勤務していた時期及び場所の石綿飛散状況に関する客観的な資料は提出されていない。さらに、相手方は、本件工場における従業員らの勤務の実態に照らすと、本件文書 1 の記載内容から石綿飛散状況を立証することは困難である旨指摘するが、本件文書 1 は、その記載内容次第によっては、本件工場において、どの時期にどの場所で石綿が飛散していたのかを推認する資料とな

りえることが明らかであるところ、相手方の指摘する上記事情があるからといって、本件文書1を取り調べる必要があると認められる。」と判断されている。そして、相手方の主張する民訴法220条4号の定める除外事由に該当しないと認められるとして文書提出を命じた。しかし、本件文書2～9はその必要性を認めず（略）、申立を却下した。

（2）抗告審決定

　抗告審でも、この一審決定の結論は維持されて、双方の抗告は棄却されている。本件文書1の提出が認められた理由としては、一審と共通しているが、「本件文書1（1）～（3）は、記載内容次第では、本件工場においてどの時期にどの場所で石綿が飛散していたか、相手方が石綿を含む製品等の製造過程をどのように管理していたかを基礎づける事実関係を認定する証拠資料となり得るから、本案事件の証拠として取り調べる必要性のある客観性の高い証拠といえる。」とし、個人の秘密の情報であることや職業の秘密に該当する旨の相手方の主張に対しても、「本件文書1（1）～（3）は、いずれも法令に基づいて作成された文書であることや、現在、石綿製品の製造は禁止されていること（労働安全衛生法55条、同法施行令16条4号）からすると、これらが本件訴訟に提出されることにより元従業員及び現従業員が健康診断の受診や情報の提供を拒否し、今後、相手方において労働安全衛生等の人事労務管理が著しく困難となるおそれがあるということはできない。以上を総合考慮すると、本件文書1（1）～（3）は、民事訴訟法220条4号ハ、同法197号1項3号の「職業の秘密」（保護に値する秘密）が記載された文書であるとは認められない。」と判断された。

文書1　本件工場において就労していた従業員に関する次の各文書
（1）じん肺管理区分の決定を受けた者に関するじん肺管理区分決定通知書及び職歴票並びにじん肺健康診断に関する記録
（2）労災認定を受けた者に関する労働者災害補償保険請求書の写し及び同請求書に添付された職歴証明書の写し
（3）石綿健康管理手帳の交付を受けた者に関する石綿健康管理手帳交付申請書の写し及び同申請書に添付された職歴証明書の写し

文書2	相手方の従業員がじん肺となったときに適用される相手方の補償規程ないし見舞金規程
文書3	アスベスト肺受診者名簿（略）
文書4	昭和31年9月から昭和33年8月頃までの間に本件工場において製造していた又は製造していた可能性のある全ての製品名が記載された文書
文書5	文書4の製品について製造工程等がわかる資料及び写真
文書6	テックス及びスーパーライトを構成する全ての成分が記載された文書
文書7	昭和31年9月から昭和33年8月頃までの間に本件工場においてテックス及びスーパーライトを製造していた従業員の人数及びそれらの者の役割分担が記載された文書
文書8	テックスの製造場所及びスーパーライトの製造場所での作業の際に使用していた熱源を示す資料及び図面
文書9	テックス又はスーパーライトの製造過程で使用する乾燥室の場所及び乾燥室の構造が記載された資料及び図面

ポイント

・原告ら2名が、被告Y社に対して石綿粉じんの曝露を受けて石綿関連疾患に罹患したとして損害賠償請求した本案訴訟で、原告らがY社の保有している文書の提出を求めた事案
・一審も抗告審も、上記文書1のみの提出については申立てを認めた

| 事例 21 | **中央電設事件**
（大阪地裁平成 26 年 2 月 7 日判決、判例時報 2218 号 73 頁）

　被告Ｙ社は電気設備工事を営む会社であり、亡Ａは、昭和37年にＹ社に入社して電気設備工事に従事し、昭和43年にＹ社の下請会社であるＢ社に入社して引き続きＹ社の電気設備工事に従事し、昭和49年に独立して自らＣ社を設立してからも引き続きＹ社の電気設備工事に従事してきた。平成16年7月に悪性胸膜中皮腫を発症し、平成18年10月に死亡した。

　原告Ｘ１は亡Ａの妻、Ｘ２は亡Ａの長男である。Ｘ１らは、電気設備工事では石綿粉じんに曝露して中皮腫を発症したものとして、被告Ｙ社に対して安全配慮義務違反による損害賠償請求訴訟を提起した。

　判決は、次のとおり、Ｙ社の責任について判断して、Ｙ社の安全配慮義務違反を認めた。

（１）Ｙ社の亡Ａに対する指揮監督関係と安全配慮義務

　亡Ａは、Ｙ社の従業員であったときは勿論のこと、Ｙ社の下請業者の経営者であった期間についても、継続的にＹ社が請負った工事現場においてＹ社の管理・監督の下で電気設備工事作業に従事していたものと認められる。Ｂ社及びＣ社において従事した工事が全てＹ社の指揮監督する建設現場であり、Ｙ社においては、若い電気工の指導教育のための制度として、Ｙ社が直接指導教育する直営班以外に、Ｙ社の下請業者に自己の若い従業員を配属し下請協力業者に実務教育を委ねることもあり、直営班と下請班（下請業者の従業員とＹ社の従業員で構成される）とは厳密に区分されておらず、Ｙ社の判断によって人員も移動させることもあったこと等に照らせば、Ｙ社とその下請業者との関係は非常に密接であったといえ、亡ＡはＹ社と直接雇用関係がなくなった後も、Ｙ社の従業員と同等の立場にあり、Ｙ社の工事にＹ社の従業員と同程度従事していたことが窺われる。また、Ｃ社はＡ社の名前を自社のトラック等に記載しており、Ｃ社の収入のうち、大部分がＹ社からの請負工事によるものであると考えられることなどからすれば、Ｃ社とＹ社との間には専属下請ないしそれに等しい密

接な関係があったと推認される。

　以上によれば、亡Aは、Y社の従業員であった期間のみならず、B社の従業員又はC社の経営者であった期間においても、Y社との間に支配従属関係があったと認められる。従って、その期間を通して、Y社は亡Aに対して安全配慮義務を負っていたというべきである。

（2）　Y社の石綿じん肺の予見可能性

　土木建設作業従事者において、昭和37年頃にはじん肺有所見者が継続して高い率で現れていたこと、電気工が従事する建築工事現場においても石綿製品が使用されることが多く、同所における作業中には石綿を含む粉じんが飛散することによって従業員らがこれを吸入することを想定できたと考えられることに照らせば、電気設備工事を担う会社として土木建築業に携わるY社においても、遅くとも昭和37年頃までには、石綿を含む粉じんが人の生命、身体に重大な障害を与える危険性があることを十分に認識でき、また認識すべきであったと認められる。

（3）　Y社の安全配慮義務違反

　Y社が負うべき安全配慮義務の内容としては、石綿等の粉じんによる健康被害の蓋然性、建設現場における作業内容、同年頃までの知見や法令等による規制などに照らせば、①粉じんが発生・飛散する場所において作業する作業員に対して防じんマスクを支給し、その着用を指示・指導するなどして、作業員に防じんマスク等の着用を徹底させ、作業着等に付着した粉じんによる曝露を防止するため、作業後には着衣に付着した粉じんを落とし、皮膚に付着した粉じんを洗い流すように指導をし、②作業員に対して石綿を含む粉じんが生命及び健康に対して及ぼす危険性について教育するとともに定期的に健康診断を行う義務を負っていた、③昭和47年頃からは、作業を行う建築工事現場において、石綿粉じんが発生する可能性が高い区域には立ち入らないよう作業員に周知し、また、作業に際して発生する石綿粉じんの量を減らすための対策を講じるなど、可能な限り作業員が石綿粉じんに接触する機会を減少するようにすべきであったというべきである。

　Y社が、少なくとも昭和37年から昭和63年頃までの間、亡Aに対して負っ

ていた安全配慮義務に違反しており、同期間内に従事したＹ社の工事によって亡Ａが石綿粉じんに曝露したことが認められる以上、亡Ａの中皮腫罹患とＹ社の安全配慮義務違反には相当因果関係が認められる。

なお、賠償額は約 4,396 万円であった。

ポイント

- 被災者亡Ａの妻（Ｘ１）と子（Ｘ２）の２名が原告
- 被告Ｙ社は電気設備工事を営む会社
- 亡Ａは、当初、昭和37年にＹ社に入社し電気設備工事に従事し、その後、Ｙ社の下請会社に昭和43年～昭和49年まで勤務、その後、昭和49年に独立してＹ社からの工事を受注してきた
- 悪性胸膜中皮腫、死亡
- 昭和37年頃には医学的知見あり
- 賠償金額：約4,396万円

| 事例 22 | **近畿日本鉄道事件**
（上告審：最高裁二小平成 25 年 7 月 12 日判決（判例時報 2200 号 63 頁）、差戻し後控訴審：大阪高裁平成 26 年 2 月 27 日判決（判例時報 2236 号 72 頁）、再戻前控訴審：大阪高裁平成 22 年 3 月 5 日判決 (ウェストロージャパン)、一審：大阪地裁平成 21 年 8 月 31 日判決（判例時報 2068 号 100 頁））

亡Aは、B社の社員であり、店舗兼倉庫である賃貸建物で昭和 45 年 3 月から平成 14 年 5 月まで勤務していた。この建物はY１社奈良線八戸ノ里駅高架下にあり、Y１社が所有しており、Y２社が賃貸人であった。亡Aは、本件建物の壁面に吹き付けられたクロシドライト (青石綿) の粉じんに曝露したことにより、平成 14 年 7 月に悪性胸膜中皮腫に罹患したとの診断を受け、平成 16 年 7 月に自殺した。

X１〜X４は、亡Aの妻（X１）と 3 人の子供 (X２〜X４) である。X１らは、Y１社とY２社に対して損害賠償請求をした。

（1） 一審判決

一審判決は、Y１社の民法 717 条の工作物の瑕疵責任を認めたうえ、そのY１社の設置又は保存の瑕疵と亡Aの自殺との相当因果関係を認めてY１社に対する請求を認めた (但し、過失相殺として全損害から 2 割を減額した)。Y２社に対する請求は、Y２社の安全配慮義務違反は認められないとして請求を棄却した。賠償額は合計で約 4,945 万円であった。

（2） 差戻前控訴審判決

差戻前の控訴審判決では、X１らは、Y２社に対する判断は控訴せずにY１社の責任のみを追及したが、差戻し前の控訴審判決は基本的には一審判決を踏襲して、賠償金額は合計で約 5,995 万円に増額された。

（3） 上告審判決

上告審では、差戻し前控訴審が、亡Aがその建物で勤務していたのは昭和 45 年 3 月から平成 14 年 5 月まで勤務していたことから壁面に吹き付けられていた

クロシドライト（青石綿）の粉じんに曝露したことにより、悪性中皮腫に罹患したと認定する一方で、わが国では昭和45年ころには吹付け石綿の粉じんに曝露することによる健康被害の危険性はまだ指摘されておらず、その後次第にその危険性等が指摘されるようになって、徐々に対策が進められていたことを認定した上で、明確に本件建物が通常有すべき安全性を欠くと評価されるようになった時点を明らかにしないまま、本件建物の設置又は保存の瑕疵の有無について判断したことは、審理不尽の違法があるとして、原審に破棄差戻しをした。

（4）差戻後控訴審判決

差戻し後の控訴審判決は、次のように述べて、昭和63年2月頃には本件建物は通常有すべき安全性を欠くと評価されるようになったと認めるのが相当と判断された。

「・・・本件で問題になっている、建築物の吹付けアスベストに関しては、我が国においても、昭和45年ころには、中皮腫がごく短期間のアスベストの接触によって発症することを指摘する論文が存在していたものの、吹付けアスベストの場合、含有アスベストの量が少量であり、かつ原料の一部として固定されていることにより飛散しない限りは危険性が少ないこともあって、未だその曝露による健康被害の危険性は明確に認識されていなかった。現に、その当時は、建物壁面等吹付けアスベストは、建築基準法令における指定耐火材とされていた。

その後、昭和47年ころから、非職業性曝露でも中皮腫が発症することや比較的低濃度のアスベスト曝露であっても長年月の経過により中皮腫発症の危険性があるとの海外の報告が我が国にも伝えられ、吹付けアスベストの危険性も徐々に認識されるようになり、昭和48年には、建設省が庁舎建築において、石綿吹付け仕上げを取り止め、昭和49年には、吹付けアスベストから飛散するアスベスト粉じんの有害性を警告する書籍が出版され、昭和60年には、吹付けアスベストのある室内の浮遊アスベスト濃度が戸外よりも高く、建築後時間の経過とともに吹付け材が劣化し、剥離し始めると、汚染が進行していくこと、いかに少量のアスベスト曝露でも健康に対する何ほどかの障害をもたらすことなどを指摘する書籍が出版された。

昭和62年になると、同年2月に、環境庁監修の「石綿・ゼオライト」が発行され、

「石綿には、いかなる低濃度でも安全とする最少の閾値はない」こと、アスベストの吹き付けられた建物内でも石綿曝露の危険性があることが指摘されると、同年中に、全国紙が相次いで、吹付けアスベスト曝露の危険性を報道するようになり、これに呼応して全国各地で吹付けアスベストの除去工事が行われるようになった。これと併行して、行政も、文部省が昭和62年7月に、全国すべての公立小・中・高校を対象に、吹付けアスベストの実態調査を実施し、吹付けアスベストの除去工事が進められることになり、同年9月には、建設省が既存建物の通常の使用状態において、空気中に石綿が飛散するおそれのある吹付け材等については飛散防止又は撤去のための方策を取ることを通知し、同年11月には、建設省が建設基準法令の耐火構造の指定から吹付けアスベストを削除した。

そして、昭和63年2月には、環境庁・厚生省が都道府県に対し、吹付けアスベストの危険性を認め、建築物に吹き付けられたアスベスト繊維が飛散する状態にある場合には、適切な処置をする必要性があること等を建物所有者に指導するよう求める通知を発した。

以上によれば、遅くとも、上記の通知時である昭和63年2月ころには、建築物の吹付けアスベストの曝露による健康被害の危険性及びアスベストの除去等の対策の必要性が広く世間一般に認識されるようになったと認めるのが相当である。」

なお、賠償額は差し戻し前控訴審判決と同額の約5,995万円と判断された。

ポイント

- 被災者Aの妻(X1)と3人の子(X2〜X4)の4名が原告
- Y1社の駅高架下の建物（アスベストの吹付けあり）を、勤務先であるB社がY2社から賃貸を受け、店舗兼倉庫として使われた建物内での勤務
- 昭和45年3月〜平成14年5月まで
- 悪性胸膜中皮腫に罹患、自殺で死亡
- Y1社の工作物責任（民法717条）あり（2割の過失相殺）
  Y2社(賃貸人)の責任無し
- Y1社の責任：昭和63年2月から安全性を欠くものと認定
- 賠償額：約5,995万円

事例 23	**三菱重工業下関造船所事件** （控訴審：広島高裁平成 26 年 9 月 24 日判決（判例時報 2243 号 119 頁）、一審：山口地裁下関支部平成 23 年 6 月 27 日判決（労働経済判例速報 2120 号 3 頁））

　原告ら4名（X1～X3、X4は亡Aの相続人）は、Y社の経営する下関造船所構内で、下請業者に雇用されてその従業員として造船の作業に携わってきた者たち、及び、その遺族である（X1～X3は本人であり、X4は亡くなった本人Aの遺族である）。X1の作業は、下請業者の現場監督であり、X2は新造船における艤装作業であり、間仕切りボード、床板、天井板、家具の取り付け等の内装大工作業であった。X3は、内装作業の控え室の清掃、御茶の準備・後片付け、木工場での雑用、新造船内の内装作業終了後の現場の片付等を行っており、亡Aの作業内容はアスベスト布団の製作をするなどしていたが、詳細は不明である。

　X1、X2、X3、亡Aはいずれもじん肺管理区分決定を受けており、X1～X3は管理区分2、亡Aは管理区分4であった。

（1）じん肺の罹患の有無 ── 一審判決

　一審判決は、X1～X3、亡Aは、CT画像診断の結果じん肺に罹患していないと判断した。

　即ち、「X1らのCT画像を読影した3名の医師は、いずれもその経歴及び臨床経験に照らし、CT画像の読影能力に何ら問題はないところ、X2を除くX1、X3、亡Aについては医師2名が、X2については医師3名がいずれも一致してCT画像にじん肺の所見は認められないと読影している。また、3名の読影者らは、じん肺と矛盾しないCT画像所見についても他の疾患に起因することを明確に述べているところ、その説明内容等に不合理な点は認められず、X1らの粉じん曝露状況とも矛盾しないこと、その他これらの専門家の読影結果の信用性を疑わしめるような証拠や事情は認められないことに照らすと、その読影結果には高度の信用性が認められるというべきである。これによれば、CT画像上、X1らにじん肺所見は認められないと結論せざるを得ない。」とし、じん肺管理区分決定との関連性については、「管理区分決定はX線写真をじん肺罹

患の重要な判断基準としているところ、X線よりも肺の状況をより詳細・精密に観察できると認められるＣＴ画像によってＸ１らのじん肺所見が否定されている以上、主としてＸ線写真像に依拠してなされた管理区分決定が存在するとしても、本件において、直ちにＸ１らのじん肺罹患を認定することはできない。」というものである。その上で、損害がないとして、Ｘ１らの請求を棄却した。

（２）控訴審判決
①じん肺罹患について

これに対して、控訴審判決は、Ｘ１らは管理区分決定を受けたことからじん肺に罹患したことが推認され、この推認はＣＴ画像の検討、亡Ａの解剖の結果、その他Ｘ１らが指摘する事情によって覆されるものではなく、また、一件記録によっても、他に上記推認を覆がえすに足りる事情が存在するとは窺えないとして、Ｘ１〜Ｘ３、亡Ａはじん肺に罹患したと認めるのが相当であるとした。

その上で、元請会社であるＹ社は、下請業者の従業員であったＸ１らに対して、直接的な指示をしていたとして、Ｙ社のＸ１らに対する関係での安全配慮義務の成立を認めた。

②安全配慮義務について

そして、具体的な安全配慮義務違反として、①換気が不十分であったこと、②集じん装置や換気ファンの設置を求めたにもかかわらず、設置しなかったこと、③下請従業員に対しては、平成10年まで防じんマスクの支給もしていなかったこと、④下関造船所において定期的な粉じん測定を行っていなかったこと、⑤粉じんの飛散防止、飛散した粉じんの除去及び浮遊粉じん吸引防止のための措置を講じてこなかったこと、等から安全配慮義務違反があったと認めた。

その上で、慰謝料額は、①管理区分２該当者で合併症がない場合は1,000万円、②管理区分２該当者で合併症がある場合は1,300万円、③管理区分２で合併症であり、じん肺により死亡した場合は2,500万円、④管理区分４該当者で、じん肺により死亡した場合は2,500万円として、Ｘ１は1,300万円、Ｘ２は2,500万円、Ｘ３は1,000万円、亡Ａは2,500万円と認定された（弁

護士費用は1割をこれに加える)。

> 📝 **ポイント**
>
> ・被告Y社の下請業者の元従業員ら4名（X1～X3、X4のみは遺族（妻））
> ・被告Y社は、造船所
> ・X1～X3はじん肺管理区分2、X4の夫亡Aはじん肺管理区分4で死亡
> ・一審判決は、ＣＴ画像でじん肺の所見がないので、被害がないとして、請求棄却
> ・控訴審は、じん肺管理区分決定によりじん肺症を認定した
> （賠償額）
> 　①管理区分2で合併症無しは1,000万円
> 　②管理区分2で合併症ありは1,300万円
> 　③管理区分2で合併症で死亡した場合2,500万円
> 　④管理区分4で死亡した場合は2,500万円

事例 24 **X塗装工業事件**
(大阪地裁平成 27 年 4 月 15 日判決、平成 27 年 4 月 15 日判決（労働経済速報 2246 号 18 頁))

　亡Aは、塗装会社であるY社に昭和26年6月から平成10年6月までの約47年間勤務して、内装の塗装作業に従事していたが、体調が優れず退職後、平成14年8月から間質性肺炎で入院し、平成15年6月間質性肺炎により死亡した。遺族であるXが遺産分割により単独相続してY社の安全配慮義務違反により石綿肺に罹患したとして損害賠償請求をした。

(1) 亡Aの粉じんの曝露の状況

　亡Aが就労した現場は、新築工事現場における内装塗装作業は、基礎工事及び建物の躯体工事が終わり、内装工事の仕上げの段階で行われる、その工程には、下地調整作業ではサンドペーパーや電動のオービタルサンダー等を用いて塗装面にある細かい凹凸をできる限り少なくする作業、パテでボード壁にあるボードとボードのつなぎ目の隙間を埋めた上、サンドペーパー等を用いて表面を円滑にする作業が行われた。また、改修工事現場作業の場合は、前記作業に加えて、従前の塗料にネオリバーを塗って、へらでこそげ落とす作業が行われた。これらのサンドペーパー、へら等を用いた下地調整作業の際は、モルタル、ボード及びパテ等の細かい粉じんが発生した。

(2) Y社の安全配慮義務違反

　判決は、亡Aの左右下肺野には胸膜プラークが認められ、それは石綿粉じんへの曝露に起因するものであり、Y社の作業現場には石綿粉じんが飛散しており、亡Aがそれを長年にわたって吸引し続けたことが認められるとして、Y社の作業と亡Aの肺疾患との因果関係を認めた。

　その上で、石綿じん肺の知見の時期を昭和35年として、Y社が昭和35年から平成10年6月までの間、①石綿粉じんの生じる作業とそうでない作業を隔離するなどして、可能な限り亡Aが石綿粉じんに接触する機会を減少できるような作業環境を構築すること、及び、亡Aの作業場に堆積した粉じん等が飛散しないように散水等をする設備ないし態勢を整えること、②亡Aに対して石綿

粉じん曝露を防止する効果のある防じんマスクの着用を徹底させること、③亡Aに対して石綿粉じん曝露に関する健康診断を実施したり、石綿粉じんの危険性を認識させるために必要な安全教育をしたりしたことを認めることはできず、Y社は、亡Aに対し、石綿粉じんに関する対策は何ら講じなかったことが認められるから、Y社は、昭和35年以降には安全配慮義務に違反していたというべきであるとして、Y社の賠償責任を認めた。

　賠償金額は、約3,522万円と認定された。

> **ポイント**
> ・被災者亡Aの相続人妻(X)が原告
> ・被告Y社は内装塗装会社
> ・昭和26年6月～平成10年6月の47年間
> ・間質性肺炎・死亡
> ・昭和35年に予見可能性
> ・賠償額：約3,522万円

事例 25　ニチアス羽島工場事件
（岐阜地裁平成 27 年 9 月 14 日判決、判例時報 2301 号 112 頁）

　原告Ｘ１、Ｘ２はＹ社の羽島工場アスベスト製品の製造作業等に従事していた。Ｘ１が勤務していた時期は昭和 34 年 3 月 21 日から昭和 42 年 12 月 25 日まで、Ｘ２が勤務していた時期は昭和 35 年 10 月 18 日から平成 7 年 3 月 31 日までであった。Ｘ１は、平成 17 年 10 月 20 日付で管理区分 2 の決定を受け、その後、平成 25 年 4 月 10 日付で管理区分 4 の決定がなされた。Ｘ２は、昭和 53 年 8 月 28 日付で管理区分 3 イの決定を受け、その後平成 21 年 12 月 7 日付で管理区分 4 の決定を受けた。いずれも石綿粉じん曝露によりじん肺に罹患したとして、安全配慮義務違反を理由に損害賠償請求をしたという事案である。

（1）石綿肺の知見の時期
　判決は、使用者であるＹ社の安全配慮義務の前提として、石綿粉じん曝露による健康被害の知見について検討し、昭和 33 年がその時期であったと認定した。
　即ち、
　「・・・わが国においても、戦前から戦後にかけて、石綿肺に関する医学的知見が積み上げられ（昭和 31 年から昭和 34 年にかけて、労働省の委託による大規模な石綿肺等のじん肺に関する研究が行われ（Ｙ社王寺工場も調査の対象となった。）昭和 32 年 3 月及び昭和 33 年 3 月の研究報告がなされた）、研究報告が発表されるに至り（昭和 33 年 5 月 26 日に労働省労働基準局長が環境改善技術指針において）、公的機関によって、労働環境の改善に関する技術上の問題点がある程度解決し得るに至ったとして、石綿粉じんに対する各種予防対策措置が指針として示されたのであるから、遅くとも環境改善技術指針が定められた昭和 33 年 5 月 26 日の時点においては、石綿肺及びその予防に係る知見が確立していたというべきである。」と判断した。

（2）Ｙ社の負うべき安全配慮義務
　その上で、Ｙ社の負うべき安全配慮義務についてであるが、判決は、「・・・Ｙ社は、石綿粉じんの発生・飛散防止の対策として、一定の集じん装置を設け、

建物内の換気に留意するなど一定の対策を講じ、また、年代を経るにつれて、マスクの支給や安全教育等についても一定の対策を講じてきたものの、これらの対策は、石綿粉じん及び粉じん対策に関する知見が確立していた時点におけるものとしては、不十分であったと評価せざるを得ない。特に、大量の石綿粉じんが発生していた別荘における作業において、粉じんの発生・飛散防止措置が十分でなかったことは、Ｘ１らの石綿粉じんへの曝露量を増大させたものである。また、Ｘ１らに、石綿粉じんを吸入することがいかなる意味で有害なのかなどの安全教育を十分に行っておらず、Ｘ１らがマスクの着用の指導が十分にできていなかったことから、Ｘ１ら従業員においてマスクの着用が徹底されなかったのであり、それが、Ｘ１らの石綿粉じんへの曝露を防止できなかった要因になっているというべきである。

　以上のとおり、Ｙ社は、Ｘ１ら石綿粉じん作業に従事する石綿肺への罹患やその増悪を防止すべき義務を履行しなかったものと評価できるから、Ｙ社には安全配慮義務違反があったと認められる。」と判断した。

（３）賠償額

　Ｘ１、Ｘ２はいずれもじん肺管理区分は管理４という認定を受けており、慰謝料は2,200万円と認定された（但し、Ｘ２は退職時に管理３イであったので、Ｙ社より600万円が支払われており、その分は控除されて1,600万円の支払いが命じられた）。

> **ポイント**
> ・原告Ｘ１、Ｘ２の２名（生存原告）
> ・被告Ｙ社は、アスベスト製品の製造
> ・Ｘ１：昭和34年３月～昭和42年12月まで
> 　Ｘ２：昭和35年10月～平成７年３月まで
> ・Ｘ１、Ｘ２とのじん肺管理区分４
> ・昭和33年から予見可能性
> ・賠償額：Ｘ１、Ｘ２とも慰謝料2,200万円

事例 26　ニチアス王寺工場事件

(控訴審：大阪高裁平成 27 年 6 月 24 日判決（判例時報 2309 号 66 頁）、一審：奈良地裁平成 26 年 10 月 23 日判決（判例時報 2309 号 81 頁))

　この事件は、ニチアス王寺工場で勤務していた3名（X1、X2、X3）が、X1が軽度の石綿肺及び胸膜プラーク、X2が初期の石綿肺、びまん性胸膜肥厚及び胸膜プラーク、X3が良性石綿胸水、石綿肺、びまん性胸膜肥厚に、それぞれ罹患したと主張して、Y社に対し、債務不履行、不法行為に基づく損害賠償請求を行った。

　X1は、昭和31年9月から昭和31年12月又は昭和32年7月まで勤務し、王寺工場のテックスと呼ばれる場所で、石綿保温材を製造する作業を行った。X2は、昭和44年4月から昭和55年2月まで勤務し、王寺工場の鉄工工作室に配属され、各種機械のカバーの作製、機械部品や金型等の修理等の作業を行った。X3は、昭和32年3月から昭和33年8月まで勤務し、王寺工場で、石綿製品の製造工場でほぐれた状態で運ばれてきた石綿を袋から取り出して機械に入れ、液体で洗浄した上で乾燥室に運び入れて乾燥させる、乾燥室に入れた石綿が固い板状になるので、その板の端部を電動のこぎりで切断する作業をした。

　問題は、X1とX3の在籍期間がかなり以前であり、その時点で、Y社の予見可能性があったかという点である。

（1）一審判決

　一審判決は、X1～X3の請求をいずれも棄却した。
　①石綿関連疾患の知見の時期
　　一審判決は、Y社の石綿の危険性に関する知見の時期について、「諸外国においては、石綿による健康被害の可能性について、石綿肺の危険性が昭和15年頃、発がん性が昭和30年頃、中皮腫との関連性が1960年（昭和35年）代までには確立されており、日本においても、戦前から石綿の危険性は指摘されており、昭和33年頃には、石綿製品の製造等を行う工場又は作業場の労働者の石綿罹患の実状が相当深刻なものであることが明らかになっており、昭和35年にじん肺法が制定された頃には、石綿粉じんが石綿肺などの危険性

を有するとの知見が確立し、さらに昭和35年以降、石綿粉じんが石綿肺以外の疾患の原因となることについて研究及び報告がされ、昭和45年頃には一般紙においても石綿粉じんの発がん性及び中皮腫との関連性等の石綿の危険性が報じられるようになり、一般に知られるようになったということがいえる。

このような国内外の知見及び法令の整備状況等に照らせば、少なくとも我が国の研究者や関係行政庁においては、昭和35年には石綿粉じんの吸入が石綿肺の原因となり得ることが、昭和40年頃には石綿が発がん性を有し、中皮腫とも強い関連性を有しているとの認識が相当深まっていたということがいえる。

Ｙ１社は、この当時においては主として石綿製品を製造及び販売する大規模な企業であったことからすれば、石綿製品の製造等を行う工場等の労働者の石綿肺罹患の実情が相当深刻なものであることが明らかになっていた昭和33年頃には、遅くとも、石綿によって生じる被害を予見することができ、また、予見すべきであったというべきであり、同年以降においては、従業員に対する石綿粉じんへの曝露を防止する注意義務を負っていたと認めるのが相当である。

しかしながら、石綿肺に関する知見は比較的早期に集積されていた一方で、石綿による肺がんや中皮腫の発症については、知見の集積がこれよりも遅れており、石綿肺が肺がんや中皮腫に進行する危険性についても昭和35年以降に知見が集積されていったと考えるのが相当であることや、当時の社会及び経済の状況を総合的に考慮すれば、Ｙ社が昭和33年頃よりも前において、従業員に対する石綿粉じんへの曝露を防止する義務を負っていたとまで認定することはできないといわざるを得ない。」と述べて、昭和33年頃以降は、使用している労働者が石綿粉じんに曝露することがないよう、工場において換気、粉じんの湿潤化、粉じんの除去及びマスクの装着等の対策を行う義務を負っていたと判断した。その結果、Ｘ１とＸ３については、Ｙ社の注意義務違反を認定できないとした。

②損害の有無

さらに、Ｘ２については、「石綿肺やびまん性胸膜肥厚と評価すべき状態が生じているとしても、呼吸機能の障害が発生しているとは認められず、このほかに何らかの身体機能の制約が生じていることが認められないから、石綿

肺やびまん性胸膜肥厚と評価すべき状態が存在するか否かについて判断する必要はない。」と述べた。また、X2の所見としての胸膜プラークについては、「通常はそれ自体が肺機能の低下をもたらすものではなく、石灰化の進展の程度によっては肺機能が低下するおそれはあるものの‥‥X2に現時点で胸膜プラークの石灰化の進展によって生じたものと認められる肺機能の低下を認めることはできない。」と述べて、X2には損害がないとして、X2の請求も棄却した。

(2) 控訴審判決

このように、X1～X3の請求は棄却されたが、控訴審でも、いずれも控訴棄却とされた。

①石綿関連疾患の知見の時期

控訴審は、石綿を扱う作業で疾病に罹患する知見の時期につき、「遅くとも昭和33年8月頃以降は、Y社の従業員に3年以上の長期にわたって抑制目標限度を超える濃度の石綿粉じんが浮遊する作業上における作業を継続させることがないようにすべき義務を負うとし、X1、X3の在職時期は昭和33年8月より前であると判断して、2名の請求を棄却した。

②損害の有無

また、X2については、損害がないとして請求を棄却した。即ち、X2は「昭和55年2月に退職し、石綿粉じんにさらされる状態になかったのに、曝露開始から概ね45年が経過し、退職後35年が経過した現時点においても、びまん性胸膜肥厚の癒着の程度が軽いため、肺の繊維化が進行しておらず、拘束性換気障害が窺われないだけでなく、肺がん発症にも至っていないことが認められる。‥‥かえって、X2には労働能力を一部でも喪失させるような後遺障害は存在せず、また、石綿を原因とする肺がんを発症する蓋然性はかなり低いといわざるを得ないし、FEV1%（スパイロメトリーによる呼吸機能検査の1秒率）の低下等の症状も、主として重喫煙者であったことに起因するものと評価せざるを得ない。」と述べて、損害が認められないとしてX2の請求を棄却したのである。

第 2 編　石綿（アスベスト）関係訴訟

> **ポイント**
> ・原告Ｘ１、Ｘ２、Ｘ３は、いずれも生存原告
> ・被告Ｙ社は、石綿製品の製造会社
> ・Ｘ１：昭和31年9月（12月）〜昭和32年7月
> 　Ｘ２：昭和44年4月〜昭和55年2月
> 　Ｘ３：昭和32年3月〜昭和33年8月
> ・Ｘ１：軽度の石綿肺、胸膜プラーク
> 　Ｘ２：初期の石綿肺、びまん性胸膜肥厚、胸膜プラーク
> 　Ｘ３：良性石綿胸水、石綿肺、びまん性胸膜肥厚
> ・昭和33年8月から予見可能性
> ・Ｘ１、Ｘ３は昭和33年8月よりも前であり、Ｙ社には責任がない。請求棄却
> ・Ｘ２は、損害がないとして請求棄却

事例 27	**三菱重工業等事件**
	（横浜地裁平成 27 年 1 月 29 日判決、労経速 2240 号 3 頁）

　亡Aは、昭和49年6月1日から平成7年3月1日までB社（被告Y2社の100％子会社）と労働契約を締結し、主給水ポンプの分解及び組立の業務に従事していた。B社は既に解散している。

　その後、平成7年3月10日から平成10年7月1日までの間、被告Y2社と労働契約を締結し、被告Y1社の作業現場において、蒸気タービン船のエンジンルーム内でボイラー用の蒸気タービン駆動の主給水ポンプの分解、組立及び試運転立会い等の技術指導業務に従事していた。Y1社とY2社の契約は業務委託契約である。その間、22日間は、亡Aは、Y1社の管理する船舶の修繕作業の現場に派遣され、蒸気タービン船のエンジンルーム内で、Y1社の従業員に対し、コフィン・ポンプの分解、点検、部品交換、組み立て作業の指導をする作業をしたことがあった。

（1）亡Aの被害状況

　亡Aは、平成20年5月に神奈川労働基準局長に対して管理区分の決定申請を行ったが、管理区分1（所見無し）であったために、不服申立を行い、厚労大臣は平成20年11月に管理区分2の裁決を受けた。その後、亡Aは合併症である続発性気管支炎による労災申請を行い、平成21年5月、労基署長は業務上災害に当たるものとして、支給決定をした。

　また、亡Aは、平成17年11月、胸膜プラークがあると診断を受け、平成21年11月肺がんにより死亡した。

（2）亡Aの業務内容

　判決は、亡AのB社での勤務期間中の安全配慮義務違反の主張については、Y2社はB社の親会社であったに止まり、B社の法人格が形骸化し、法人格が濫用されていたといった事情は認められないから、Y2社が責任を負うものではないとした。さらに、Y2社在職中の亡Aの業務内容について、「・・・亡Aは、Y1社の従業員に対し、コフィン・ポンプの分解・組立に関する作業の指

導を行い、自身は上記業務を手伝うに止まっていたこと、コフィン・ポンプの「ＳＴＥＡＭＣＨＥＳＴ＆ＢＯＮＮＥＴ」と呼ばれる部分にはアスベスト含有保温材が取り付けられていたが、本件作業においてこれが取り外されることはなかったこと、コフィン・ポンプには、ポンプ部分にアスベスト含有のパッキンが使用されていたに止まり、かつ、当該パッキンに使用されていたアスベストは固形物で包まれ濡れており、飛散するようなものではなかったこと、コフィン・ポンプの製造メーカーがコフィン・ポンプのパッキンに使用されているアスベストが原因で疾病に罹患した者はいないと回答していることが認められ、亡Ａは、本件作業において、アスベストを直接取扱い、アスベスト粉じんを浴びるような業務に従事していたとは認められないというべきである。

　加えて、上記事実によれば、エンジンルーム内においてはエンジン主機の周辺でアスベスト含有保温材（成型）を取り外す作業が行われていたが、同保温材は、切断あるいは剥離されることもなく取り外され、ビニール袋に入れて保管されていたもので、エンジンルーム内では大型の換気扇が稼働し、亡Ａの作業場所とエンジン主機が設置されていた場所は階層が異なり距離も離れていたことも認められ、これと異なる事実を認めるに足りる証拠はない。以上のとおりであるから、エンジン主機の周辺から粉じんが拡散し、亡Ａの作業場所がアスベスト粉じんが飛散する状況に合ったと認めるに足りる証拠はない。」と認定して、亡ＡがＹ２社に勤務していた時期にアスベスト粉じんを曝露したとは認められないとして、Ｙ２社とともにＹ１社に対する請求も棄却した。

　本件は、Ｙ１社とＹ２社との契約は業務委託契約であり、亡ＡはＹ１社の指揮命令下で就労していたというよりはＹ１社の従業員を指導していたという事情があった。

> 📝 **ポイント**
> - 被災者亡Aの遺族である妻（X１）と子(X２)が原告
> - 被告Ｙ２社の100％子会社のＢ社に勤務
>   昭和49年６月～平成７年３月
>   主給水ポンプの分解、組立業務
> - 被告Ｙ２社に所属し、Ｙ１社からの委託業務に従事
>   平成７年３月～平成10年７月
>   タービン船のエンジンルーム内で主給水ポンプの分解・組立業務・試運転立ち会い業務の技術指導業務
> - じん肺管理区分２、続発性気管支炎、胸膜プラーク、肺がん、死亡
> - 非粉じん作業
> - 請求棄却

事例 28　国に対する求償権事件
（大阪地裁平成 27 年 12 月 11 日判決、判例時報 2296 号 97 頁）

　X社は、その経営している石綿製造工場で従業員A、Bの2名が石綿粉じんに曝露して石綿肺、びまん性胸膜肥厚に罹患してその損害賠償請求を受けたため、X社は訴訟上の和解で合計4,200万円を支払ったが、被告Y（国）も規制権限の不行使により、本来その被災者A、Bの2名に対して共同不法行為等により連帯して責任を負うものであるから、Y（国）の負担分を求償するという訴訟である。

(1) X社の責任とY（国）の責任の関係
　判決は、X社の負うべき安全配慮義務とYの負うべき規制権限につき、その目的及び対象を共通することに加え、両者が不可分一体となってX社の従業員2名の石綿肺等という不可分一体となってX社従業員の一個の結果を招来したものであって、結果についての相当因果関係を有する関係と認められるから、客観的な関連共同性が認められるとした。

(2) X社の責任とY（国）の責任との割合
　しかし、その責任の割合については、使用者であるX社の責任が主位であり、Y（国）の責任は二次的・補充的なものであって、「X社は、遅くとも昭和35年4月1日以降、石綿の生命、身体に対する危険を認識し、A、Bの生命・身体の安全に配慮すべき義務を尽くすべきであったにもかかわらず、A及びBの就労中、石綿粉じんの曝露による生命、身体に対する被害を防止するためにY（国）が定める義務さえ尽くしていない。他方、Y（国）の規制権限の不行使は昭和33年5月26日から昭和46年4月28日までの期間、罰則をもって石綿工場に局所排気装置を設置することを義務付けることを怠ったというものであり、罰則はなかったものの、局所排気装置の設置自体を義務付け、設置を促すために一定の行政指導を行うなど、石綿粉じん曝露による労働者の生命、身体の被害を防止するために一定の措置を講じていたと認められる。そこで、かかる事情を総合考慮すると、A、Bの損害に関するX社の負担部分が9割を下回

ることはないというべきである。」と判断して、その上で、Ｘ社が支払った金額は、Ａ、Ｂそれぞれの損害額の９割に達しないものであると認定し、負担部分を超えた支払いがなされたとはいえないとして、Ｘ社の請求を棄却した。

> **ポイント**
> ・原告Ｘ社は石綿製造会社で、元従業員2名が石綿肺、びまん性胸膜肥厚に罹患して4,200万円を支払う
> ・被告国は、規制権限を怠ったので、連帯して債務を負う
> ・被告国の責任は、二次的・補充的なもの
> ・被告国の責任期間は、昭和33年５月26日から昭和46年４月28日まで
> ・原告Ｘ社の負担部分は９割を下回らない
> ・Ｘ社の被告国への求償請求を棄却

事例29 住友ゴム工業事件
（神戸地裁平成30年2月14日判決、判例時報2377号61頁）

　タイヤ製造を業とするY会社の工場に勤務していた7名（A～Fの6人は死亡しており、遺族は22名、X1のみ生存）の従業員らが、製造工程で使われるタルクに含まれるアスベスト等の物質が原因となって、肺がんや中皮腫等が発症したとして安全配慮義務違反によりY社に対して損害賠償請求した事案である。A～F、X1ら7名は、昭和20年から昭和36年にかけてY社に入社し、Y社工場でタイヤのゴムを練る作業や成型業務等に従事していた。いずれもY社を退職後、肺がんや中皮腫等を発症して、X1以外のA～Fは死亡した。

（1）医学的知見

　判決は、まず、石綿とタルクの有害性についての医学的な知見について、次のように述べている。

　まず、石綿の危険性について、「・・・海外では、石綿肺の危険性について1924年頃、肺がんの危険性について1955年頃、中皮腫との関連性について1960年代には、それぞれ知見が集積されていた。日本においても、石綿による健康被害の可能性が戦前から指摘されていたところ、石綿肺の危険性については昭和30年から昭和35年にかけて知見が集積されてじん肺知見が集積されてじん肺法が施行されるに至っている。また、肺がんの危険性や中皮腫との関連性については、昭和30年代から昭和40年代にかけて知見が集積しているが、このような国内外の石綿による健康被害の可能性に関する知見の集積状況や法令による規制状況に照らせば、少なくとも、じん肺法が施行される頃には、石綿が生命・健康に対して危険性を有するものであるとの抽象的な危惧を抱かせるに足りる知見が集積したといえる。」と述べる。

　次に、タルクの危険性について、「海外では、1930年から1935年にかけて滑石肺の研究が進み、日本では、昭和24年から昭和35年にかけて、滑石肺に関する知見が集積していった。そして、昭和35年に施行されたじん肺法では滑石についても規定され、このような国内外のタルクによる健康被害の可能性に関する知見の集積状況や法令による規制状況に照らせばタルクについても、じ

ん肺法が施行される頃には、タルクが生命・健康に対して危険性を有するものであるとの抽象的な危惧を抱かせるに足りる知見が集積していたといえる。」

これらから、Y社は遅くとも昭和35年までには、石綿ないしタルクが、人の生命・健康に重大な障害を与える危険性があると認識することができ、認識すべきであったと認められると判断した。

（２）Y社の安全配慮義務

続いて、Y社の安全配慮義務違反の点であるが、判決は、次のように述べて安全配慮義務違反を認めた。

Y社の工場には、「・・・混合工程におけるタルク水溶液作製や冷却乾燥の際に多量のタルク粉じんが生じていること、加硫工程のインサイドペイントの取扱いに関してタルク粉じんが発生すること、保温材やブレーキパッドで使用されている石綿が劣化などして粉じんとなって飛散する可能性があったことなど工場内のタルクないし石綿粉じんの飛散実態に照らすと、Y社には、粉じんが恒常的に生じるような工程については、①粉じんの発生を防止又は粉じんの飛散を防止する措置をとる義務、②呼吸用保護具を適切に使用させる義務、③粉じん濃度を測定し、その結果に従い改善措置を講じる義務、④安全教育及び安全指導を行う義務が認められるというべきである。また、粉じんが飛散する可能性がある箇所や作業については、上記①粉じんの発生を防止し又は粉じんの飛散を防止する措置をとる義務、上記②の呼吸用保護具を適切に使用させる義務及び④の安全教育及び安全指導を行う義務が認められるというべきである。」

（３）消滅時効の援用権の濫用等

その上で、Y社からの消滅時効の援用については、権利の濫用になると判断した。なお、肺がんの罹患者２名については、喫煙歴があることについて、素因減額として１名が１割、１名が２割を減額されている。

第2編　石綿（アスベスト）関係訴訟

📝 ポイント

- 被災者7名、原告22名（生存原告（X1）1名、死亡者6名の遺族21名）
- 被告Y社はタイヤ製造メーカー
- 被災者7名は、昭和20年から昭和36年にかけて入社し、昭和の終わりから平成の初め頃まで業務に従事した
- 使われていたタルクにはアスベストが含まれる
- 肺がん、中皮腫等に罹患、6名は死亡
- 滑石肺に関する知見は昭和35年
- 賠償額：被災者2名は請求棄却、被災者5名は慰謝料額は各自2,500万円 そのうち肺がんの罹患者2名は、喫煙歴があることでそれぞれ1割と2割の過失相殺

第3章　泉南アスベスト国家賠償事件

　泉南アスベスト訴訟は、大阪泉南地区のアスベスト工場の労働者であった者及び家族並びに工場近隣の営農住民らが被告国の責任を問うた訴訟であり、第一陣訴訟と第二陣訴訟とがある。

　第一陣の一審は大阪地裁平成22年5月19日判決、（判例時報2093号3頁）であり、控訴審判決は、大阪高裁平成23年8月25日判決（判例時報2135号60頁）である。第二陣は、一審は大阪地裁平成24年3月28日判決（判例タイムズ1386号117頁）、控訴審は大阪高裁平成25年12月25日判決（ウエストロー・ジャパン）である。第一陣の控訴審判決と第二陣の控訴審判決の被告国の責任につき、第一陣が責任無し、第二陣が責任ありと結論が全く逆であること、第一陣の一審判決が被告国の責任を認めたが、それは局所排気装置についての規制が不十分であったことを理由とするのに対し、第二陣の控訴審判決が被告国の責任について、局所排気装置についての規制ばかりでなく、濃度規制、防じんマスクの規制ついての責任を肯定したために、判断を統一する必要性に迫られた。そのため、最高裁は、平成26年10月9日に2つの判決を出した（最高一小平成26年10月9日判決、判例時報2241号3頁）。

　第一陣の原告は24名、第二陣の原告は33名であり、原告らは、被告国の規制権限の不行使等によって健康被害（石綿肺、肺がん、中皮腫、びまん性胸膜肥厚等）を受けたと主張して、国の賠償責任を認めた。

事例30-1　第一陣訴訟の一審判決
（大阪地裁平成22年5月19日判決、判例時報2093号3頁）

（1）石綿肺の医学的知見の時期

　第一陣訴訟の一審判決は、まず、石綿肺防止のためのY（国）の省令制定権限の不行使について、・・・労働大臣は、石綿肺の医学的又は疫学的知見が昭和34年におおむね集積され、石綿粉じんの職業性曝露（長期又は大量の曝露）が石綿肺の原因であること、及び現に相当重大な石綿肺被害が発生していること

を認識するに至ったのであるから、石綿肺の被害の防止策を総合的に講ずる必要性を認識していたということができる。従って、石綿粉じん曝露被害を含むじん肺対策のために旧じん肺法が成立した昭和35年までに、石綿粉じん曝露防止策（発生源対策ないし飛散対策）を策定することが強く求められていたということができる。殊に、石綿粉じん曝露による健康被害が、慢性疾患でありかつ不可逆的で重篤化するという特質を有すること・・・に照らすと、その対策は喫緊の重要課題であったというべきである。他方使用者としては、上記措置を講じるために人的、物的、経済的負担を負うことにはなるが、それを理由に石綿粉じんにさらされる労働者の健康や生命をの安全を蔑ろにすることはできないというべきである。

（2）旧労基法、旧安衛則、特化則等の規制権限の不行使

　旧労基法が、粉じん等による危害防止や労働者の健康保持等のために講ずべき措置の基準等を省令に委任した趣旨が、前記のとおりこれらの措置の基準等が多岐にわたる専門的、技術的事項である上に、できる限り速やかに、技術の進歩や最新の医学的知見に適合したものに改正すべく、適時かつ適切に行使されるべきであるという点にあるところ、上記防止策の中核である局所排気装置の設置について、・・・その技術的基盤はあったということができるのである。

　従って、労働大臣には、昭和35年の旧じん肺法成立までに、局所排気装置の設置を中心とする石綿粉じん抑制措置（代替措置としての、飛散を密閉する設備や全体換気装置を含む（安衛則577条参照））を使用者に義務付けることが強く求められていたというべきである。そして、そのような内容の省令を制定しておけば、その後の石綿肺罹患の危険性を相当程度低下させること、あるいはその後に生じた被害の拡大を相当程度回避し得たものと推認することができる。

　しかるに、労働大臣は、この時点において、かかる省令を制定せず（あるいは旧安衛則を改正せず）、その後、昭和46年の旧特化則まで、粉じんが発生する屋内作業場について、当該発散源への局所排気装置等の設置の義務付けを行わなかった（昭和43年9月26日付基発第609号及び昭和46年1月21日付基発第1号の各通達により局所排気装置の設置を定めているが、指導監督に止まるものである。）。そのため、全国的に石綿粉じんの抑制が進まず、石綿産業

の急成長のもとで石綿粉じん曝露による被害の拡大を招いたというべきである。そうすると、労働大臣が、旧じん肺法施行時において、省令を制定してあるいは旧安衛則を改正して、上記措置を具体的に義務付ける規程を置かなかったのは・・・その不行使が許容される限度を逸脱して著しく合理性を欠くものであって違法であったというべきである。」と判断した。

　また、石綿曝露と肺がん、中皮腫との関係で、一審判決は「石綿粉じん曝露と肺がん及び中皮腫の発症との間に関連性があるという医学的又は疫学的知見（ただし、中皮腫が低濃度曝露によっても発症するとする点は除く。）は、昭和47年におおむね集積されたということができる。」と述べ、特化則（特定化学物質等障害予防規則）において石綿を製造し、又は取り扱う事業場について、6か月以内ごとに1回、定期に、石綿粉じん濃度を測定し、記録を保存することが義務付けられたが（同則36条1項）、その測定結果の報告を義務付けなかった点については、判決は、「昭和47年において、・・・・屋内作業場の石綿粉じん濃度の測定結果の報告及び抑制濃度を超える場合の改善を義務付けなかったことは、石綿粉じんによる被害が石綿肺に止まらず、肺がんや中皮腫にも及ぶことが明らかになった段階にあっては、著しく合理性を欠いたもので違法であったというべきである。」と判断した。但し、この結果の報告と改善措置の義務付けについては、「独立の違法事由ではなく、省令制定権限不行使の違法の一要素として評価する」と判断した。

　その結果、一審判決は、多くの原告6名の請求を一部認容したが、アスベスト工場の労働者の家族であった者1名とアスベスト工場の近隣で農業を営んでいた者1名の遺族の請求は棄却した。

（3）大気汚染防止法、劇毒法の不作為

　なお、本件では、被告Y（国）の不作為の違法としては、他にも、①大気汚染防止法2条5項に基づきアスベスト工場を粉じん発生施設に指定せず、石綿粉じんの排出規制をしなかったこと、②石綿を劇毒法の「劇物」として使用を禁止しなかったことの不作為も主張されているが、判決は、それらは違法に当たらないと判断している。

（4）賠償額の基準

賠償の基準額は、①管理区分2で合併症なし・・・1,000万円、②管理区分2で合併症あり・・・1,200万円、③管理区分3で合併症なし・・・1,500万円、④管理区分3で合併症あり・・・1,700万円、⑤管理区分4、肺がん、中皮腫、またはびまん性胸膜肥厚・・・2,000万円、⑥石綿関連疾患による死亡・・・2,500万円とされた。なお、肺がんの罹患者が喫煙をしていた場合には損害額の10％を減額することとした。

> **ポイント**
>
> - 原告：24名（泉南地区のアスベスト工場の労働者であった者、その工場等に荷物を運んでいた運送会社の者、工場近隣の営農住民等、及び、その遺族）
> - 被告：国
>
> （医学的な知見の時期）
> - 石綿肺は昭和34年までに
> - 肺がん及び中皮腫は昭和47年までに
>
> （被告国の責任－規制権限の不行使）
> - 昭和35年までに、局所排気装置の設置を中心とする石綿粉じん抑制措置を、使用者に義務付けなかったこと
> - 昭和46年の旧特化則まで、粉じんが発生する屋内作業場について、当該発生源への局所排気装置の設置を義務付けを行わなかったこと
>
> （賠償の基準額）
> 　①管理区分2で合併症なし　1,000万円
> 　②管理区分2で合併症あり　1,200万円
> 　③管理区分3で合併症なし　1,500万円
> 　④管理区分3で合併症あり　1,700万円
> 　⑤管理区分4、肺がん、中皮腫、またはびまん性胸膜肥厚　2,000万円
> 　⑥石綿関連疾患による死亡　2,500万円
>
> なお、肺がんの罹患者が喫煙をしていた場合には損害額の10％を減額

事例 30-2 第一陣控訴審判決
（大阪高裁平成 23 年 8 月 25 日判決、判例時報 2135 号 60 頁）

ところが控訴審判決は、逆転で被告国が勝訴し、原告らの請求はすべて棄却された。その理由とするところは簡略にいえば、労働大臣（当時）の労働関係法上の規制権限は裁量的なものであり、労働関係法の趣旨、目的、労働大臣に付与された権限の性質等に照らし、労働大臣の権限の不行使がその許容される限度を逸脱して著しく合理性を欠くと認められるときに限り、その不行使が違法になるという基本的な立場に立ったからである。

(1) 規制権限不行使の問題点

控訴審で、被告Y（国）の規制権限の不行使が違法であると主張されているのは、

① 労基法、安衛法、安衛則が制定された昭和 22 年から局所排気装置に関する労働衛生試験研究が終了した昭和 32 年までに、局所排気装置の設置を義務付ける省令の制定・改訂をしなかった不作為は違法か、

② 特定化学物質等障害予防規則（特化則）において、アスベスト工場に設置すべき局所排気装置の性能要件とした抑制濃度及びその数値は規制基準として著しく不合理で違法か、

③ 特化則において、事業者に対し、石綿粉じん濃度測定結果の報告、当該作業環境の改善を義務付けなかった不作為は違法か、

④ 旧安衛則等の改正又は新たな省令の制定等をして、a 石綿製品の製造、加工等の作業工程を密閉・機械化し、工程間分離を使用者に義務付けなかったこと、b 労働者に粉じんマスクを装着させることを使用者に義務付けなかったこと、c 労働者の作業時間を制限する規制をしなかったこと、d 労働者が作業中に着用した作業衣を作業場外に持ち出さないように規制しなかったことの各不作為は違法か、

⑤ 石綿製品の製造等の作業に従事する労働者その他国民に対し、石綿の有害性等の危険情報を提供し、使用者に対し、石綿粉じんの曝露を防止するための労働者に対する安全教育を義務付けなかった不作為は違法か、

⑥アスベスト発生工場を大気汚染防止法を粉じん発生施設に指定せず、石綿粉じんの排出規制をしなかった不作為は違法か、
⑦石綿を毒劇の劇物として使用を規制しなかった不作為は違法か、
という7点である。

控訴審判決の内容は、少し長いが以下のとおりである。

(2) 被告Y(国)の規制の内容の妥当性

Y(国)は、石綿製品の製造、加工等の各種作業において発生する石綿粉じんを吸収することによって重篤な肺疾患(石綿肺)の生じる危険性があるという認識の下で、そのような健康被害を防止又は抑制すべく、昭和22年に制定された旧労基法及び旧安衛則により、石綿粉じんを除外することなく、事業者に対しては、作業場内の粉じん濃度が有害な程度にならないように局所における吸引排出その他換気等の適切な措置を講じること(旧安衛則173条)、作業場には呼吸用保護具を備え付けること等を義務付けるとともに(旧安衛則181条)、労働者に対してはそれを使用すべき義務があること(旧安衛則185条)等を定め、国家検定による防じんマスクの規格化及び普及を図る一方で、鉱物性粉じんの局所排気を効果的に行うには、粉じんの種類、発生態様の特徴等をもとに個々の作業ごとに異なる局所排気装置の設計及び製作を要するものであることを踏まえ、海外の症例報告及び日本国内の医学的見解の動向等による医学的知見の進展状況を踏まえた高性能の防じんマスクの着用及び局所排気装置を指導する旨の通達を発出し、併せて、労働基準監督署(粉じん対策指導官、粉じん対策指導委員も含む)によって、防じんマスクの着用、局所排気装置の改善等に関する指導を継続的に行っていたところ、大阪労働基準監督管内においては昭和42年の設置率が47％であった局所排気装置が昭和46年11月の時点では約8割の作業場において設置されるようになり、防じんマスクの備付の割合も約5割から9割以上になったというのであるから、このようなY(国)の対応が、石綿粉じんの有害性についての認識を怠り、石綿の工業的有用性を重視するあまりに労働者の健康被害を軽視した法整備ないし施策に終始していたものであったとは到底認められない。

(3) 事業者の責任の第一次性

　そもそも、労働環境における衛生管理及び健康被害その他労働災害の防止にあっては、各事業者が、それぞれの作業現場に応じた対策を具体的に講じるべき第一次的な義務を負っているのであるから、仮に、昭和22年から昭和32年の時点においてすでに石綿の製造、加工等の各種作業に適合した局所排気装置を設置するのに必要となる工学的な知見が明らかになっているとして、そのような局所排気装置を設置するのに特段の障害がなかったというのであれば、事業者としては、旧労基法及び旧安衛則の上記規定に従い、他に効果的な粉じん対策を講じるのでない限り、上記のような局所排気装置を設置すべき法令上の義務があったものと解するのが相当である。

　そして、Y（国）が、上記各規定とは別に局所排気装置を原則的な義務として明記した省令の制定ないし改正等をしなければ、各事業者がそれぞれの作業場において局所排気装置を設置することが不可能ないし著しく困難であったとはいえず、そのような措置を講じることが期待できないものであったとも認められない。そうするとX1らの主張を前提としても、各事業者が、上記各規定及び行政指導等の下で局所排気装置を設置しなかったのは、当該事業者の自主的判断に基づく結果であって、Y（国）の規制の不備に起因するものではないというべきである。

(4) 国賠法1条適用の場合の違法性とは

　一般に、有害な化学物質等による重大な健康被害の対象が広く国民に及ぶおそれがある事案については、その被害の大きさ、深刻さを考えれば、例えば、Y（国）が、①重大な健康被害が現実に生じている（生じる危険性が高い）ことを認識しながら、合理的な理由もなく当該化学物質を規制の対象から除外した場合、②発生の危険が予想される健康被害については、医学的又は工学的な知見に裏付けられた効果的で実用可能な防止手段が存在するにもかかわらず、それを実行させるような法整備ないし施策を具体的に講じなかった場合、逆に、③上記のような効果的な防止手段が物理的に存在せず、仮に存在するとしてもその実行が事実上不可能ないし著しく困難であるなどの事情により、健康被害の発生を防止するには、Y（国）が当該化学物質等の使用及び排出を即時ないし一律に禁止するか、極めて厳格に制限する以外に方法はないにもかかわらず、

そのような法整備ないし施策を合理的な期間内に講じなかったことによって健康被害が拡大した（あるいは深刻化した）ような場合には、Y（国）が行政権に基づいて上記のような規制権限を行使しなかったことが、その根拠となる法の趣旨、目的に照らして著しく合理性を欠くものとして、国家賠償法1条1項の適用上違法と判断される余地があると思われる。

(5) アスベストの防じん対策の規制の違法性

本件事案では、昭和22年に制定された旧労基法及び旧安衛則においても、石綿は事業者が講じるべき粉じん対策の対象から除外されることなく規制の対象とされていたこと、その後もY（国）は石綿粉じんを含めて粉じん作業上の安全衛生の確保及び健康被害の防止に関する施策としてその時々の医学的知見の進展に工学的知見の普及に合わせた法整備や行政指導等を順次行ってきたこと、石綿製品の製造、加工等の各種作業に適合する局所排気装置を設置するにあたって実務的な工学的知見が普及するまでに相当な時間があったこと、局所排気装置の普及があまり進んでいない時期にあっても、防じんマスクの適切な使用により石綿粉じんの吸引をかなりの割合で防止することが可能であったこと、優れた工学的有用性と生物学的有害性という両面を併せ持つ石綿において海外諸国においても長らく使用禁止とまではされておらず、日本が石綿の使用を禁止した時期についても海外諸国と比較して特に遅れたものではなかったこと等の事実が認められるのであって、(4)の①〜③のような場合に該当するものとはいえない。

従って、本件が、結果的に、石綿という有害な化学物質によって石綿取扱い作業に従事した労働者及びその周辺関係者等に重大な被害が生じた場合であることを考慮したとしても、これまでの認定の結果を左右することはできない。

(6) 被告Y（国）の権限の不行使の違法性のないこと

Y（国）が、昭和22年以降、石綿粉じんの曝露によって健康被害が生じる危険性のある事を踏まえて継続的に行ってきた法整備及び行政指導等を含む諸施策に基づく一連の措置は、労働関係法の趣旨、目的及び主務大臣に付与された権限の性質に照らし、その許容される限度を逸脱して著しく合理性を欠くものとは認められず、X1らがY（国）に対して主張する様々な事実等は、いず

れも国家賠償法1条1項の適用上違法となるような規制権限の不行使に該当するものではない。

> **ポイント**
> ・原告：24名
> ・被告：国
> ・被告国の責任：責任無し

第二陣訴訟

　本件は、同一の原告弁護団により提起された同種の第二陣訴訟があり、それは原告を33名とし、被告は国である。

　第一審判決（大阪地裁平成24年3月28日判決、判例タイムズ1386号117頁）と、大阪高裁での控訴審判決がある（大阪高裁平成25年12月25日判決、ウェストロー・ジャパン）。

事例 31-1　第一審判決
（大阪地裁平成24年3月28日判決、判例タイムズ1386号117頁）

　X1ら33名（相続人を含めると55名）は、大阪の泉南地域に存在した工場・作業場において働いた元石綿労働者と、石綿の運搬を行う運送会社の元従業員の従業員又はその相続人である。被告Yは国である。X1らは、Y（国）が、石綿関連疾患の発生又は増悪を防止するために旧労基法及び安衛法に基づく規制権限を行使することを怠ったことが違法である等と主張して（劇毒法の劇物に指定しなかったという政令制定権限の不行使についてはX1らは主張しているが認められていない）、国家賠償法1条1項に基づき、Y（国）に賠償請求をした事件である。

（1）医学的知見の時期

　まず、石綿関連疾病の医学的知見の時期であるが、判決は、①石綿肺については昭和32年度の研究報告がされた後である昭和34年頃とし、②肺がんについては石綿紡織工場において複数のがん患者が発見され石綿粉じんの発がん性を前提とした昭和46年通達（昭和46年1月5日付「石綿粉じん取扱い事業場の環境改善について」）を発出した昭和46年頃とし、③中皮腫については、石綿粉じんの曝露と中皮腫との関連性につき、欧米では昭和44年頃には医学的な研究は共有され、日本においてもその欧米の研究成果が集積した昭和47年頃、④びまん性胸膜肥厚については、日本において石綿粉じん曝露との間に関連性

があるとの医学的知見が集積した平成15年頃と判断された。

(2) 規制権限行使すべき時期

　次に、Y（国）の規制権限を行使すべき時期についてであるが、判決は、石綿紡織工場等の石綿工場に局所排気装置を設置すること及び粉じん濃度の評価の指標を設定して局所排気装置の性能要件を定めることがいずれも技術的に可能であったという前提に立ち、昭和35年3月31日までには、労働大臣は、旧安衛則を改正するか、新たな省令を制定することによって、罰則をもって石綿粉じんが発散する屋内作業場において局所排気装置の設置を義務付けるべきであったと認定した。

　その対策が義務付けられたのは、昭和46年4月28日に旧特化則が制定されてからであり、結局、昭和35年4月1日以降、昭和46年4月28日に旧特化則が制定するまで、労働大臣は旧労基法に基づく省令権限を行使しなかったことが、その趣旨・目的に照らして著しく合理性を欠くものであったとして、国賠法1条1項の適用上違法と判断した。なお、判決は、石綿粉じんの危険性につき、Y（国）が元従業員らに対して、石綿の危険性に関する情報を提供することを怠ったと主張したが、この点は違法と判断されなかった。

(3) 慰謝料の賠償額

　X1らの損害については、包括一律請求方式であるが、判決は慰謝料と解して、aじん肺管理区分2で合併症がない場合は1,000万円、b管理2で合併症がある場合は1,300万円、c管理3で合併症のない場合は1,500万円、d管理3で合併症がある場合は1,800万円、e管理4、肺がん、中皮腫、びまん性胸膜肥厚の場合は2,200万円、f石綿肺（管理2、管理3で合併症無し）による死亡の場合は2,300万円、g石綿肺（管理2、管理3で合併症あり又は管理4）、肺がん、中皮腫、びまん性胸膜肥厚による死亡の場合は2,500万円と認定した。そして、Y（国）の負うべき責任の額は、その損害の3分の1を限度とする旨判示した。

ポイント

- 原告：33名（相続人含むと55名）
  泉南地区のアスベスト工場の労働者やアスベスト工場に出入りしていた運送業者の労働者、近隣地区で営農していた従業員
- 被告：国

（医学的な知見時期）
①石綿肺は昭和34年頃、②肺がんは昭和46年頃、③中皮腫は昭和47年頃、②びまん性胸膜肥厚は平成15年頃

（被告国の責任）
昭和35年3月31日までには、罰則を以て、石綿粉じんが発散する屋内作業場において局所排気装置の設置を義務付けるべきであったのにこれを怠った

（賠償額）
①じん肺管理区分2で合併症がない場合は1,000万円、
②管理2で合併症がある場合は1,300万円、
③管理3で合併症のない場合は1,500万円、
④管理3で合併症がある場合は1,800万円、
⑤管理4、肺がん、中皮腫、びまん性胸膜肥厚の場合は2,200万円、
⑥石綿肺（管理2、管理3で合併症無し）による死亡の場合は2,300万円、
⑦石綿肺（管理2、管理3で合併症あり又は管理4）、肺がん、中皮腫、びまん性胸膜肥厚による死亡の場合は2,500万円
国の負うべき責任の額は、その損害の3分の1を限度
- 肺がんの者は、喫煙していた場合の過失割合1割を限度

事例 31-2 第二陣控訴審判決
(大阪高裁平成 25 年 12 月 25 日判決、ウエストロー・ジャパン)

　この控訴審判決は、一審判決よりもさらに広範囲に、Y（国）の規制権限の行使の違法を認めた。即ち、Y（国）が局所排気装置の使用の義務付けが遅れたこと、粉じん測定のための石綿粉じんの許容濃度の規制値の設定が遅れたこと、防じんマスク使用の規制が遅れたことにつき、事業主に対して使用を罰則をもって義務付ける措置を早くから採用すべきであり、そのことにより国家賠償法 1 条 1 項の違法があると判断したのである。即ち、1～3 のとおりである。

1　局所排気装置について

　昭和 32 年資料によって、石綿工場を含む一般の作業場において局所排気装置を設置し得るだけの技術的基盤が形成され、昭和 33 年当時に存在した粉じん濃度の測定技術及び評価指標により局所排気装置の性能要件を定めることが可能であったから、石綿肺罹患の実情が相当深刻なものであることが明らかになっていたなどの当時の状況下において、昭和 33 年通達が発出された同年 5 月 26 日から、旧特化則が制定された昭和 46 年 4 月 28 日まで、労働大臣が旧労基法に基づく省令制定権限を行使し罰則をもって石綿工場に局所排気装置を設置することを義務付けなかったことは、国家賠償法 1 条 1 項の適用上違法である。

2　石綿の抑制濃度の規制値の設定について

　石綿粉じんの曝露と肺がん及び中皮腫との関連性についての医学的知見が明らかになっていた昭和 47 年頃には、局所排気装置の設置だけでなく、より徹底した石綿粉じんの曝露防止策が求められていたから、日本産業衛生学会が石綿粉じんの許容濃度として 5μm 以上の石綿繊維が 1 cm^3 当たり 2 本を勧告した昭和 49 年 3 月 31 日から 6 か月後の同年 9 月 30 日以降労働省告示により上記の勧告値に等しい値が管理濃度の値とされた昭和 63 年 9 月 1 日まで、労働大臣が、労働省告示を改正して上記の勧告値を石綿の粉じん濃度の規制値としなかっ

3 呼吸用保護具の使用の義務付け等について

　昭和47年頃には、局所排気装置の設置だけでなく、より徹底した石綿の粉じん曝露防止策が求められていたから、事業者に対して労働者に呼吸用保護具を使用させることを義務付ける鉛中毒予防規則等が制定された昭和47年9月30日以降、特化則の改正により石綿に関する作業について上記の義務付けがなされた平成7年4月1日まで、労働大臣が、安衛法に基づく省令制定権限を行使して事業者に対し労働者に防じんマスクを使用を徹底させるための石綿関連疾患に対応する特別安全教育を実施することを義務付けなかったことは、国家賠償法1条1項の適用上違法である。

4 慰謝料基準額

じん肺管理区分2で合併症がない場合	1,100万円
管理2で合併症がある場合	1,400万円
管理3で合併症がない場合	1,600万円
管理3で合併症がある場合	1,900万円
管理4、肺がん、中皮腫、びまん性胸膜肥厚の場合	2,300万円
石綿肺（管理2・3で合併症なし）による死亡の場合	2,400万円
石綿肺（管理2・3で合併症あり又は管理4）、肺がん、中皮腫、びまん性胸膜肥厚による死亡の場合	2,600万円

　喫煙歴があることだけを理由に減額はしない。

ポイント

- 原告：33名（相続人含むと55名）
  泉南地区のアスベスト工場の労働者やアスベスト工場に出入りしていた運送業者の労働者、近隣地区で営農していた従業員
- 被告：国

（被告国の責任）
①局所排気装置について
昭和33年5月26日から昭和46年4月28日まで、罰則を以て石綿工場に局所排気装置を設置することを義務付けなかったこと

②石綿の抑制濃度の規制値の設定について
昭和49年9月30日以降、労働省告示より、日本産業衛生学会が昭和47年に勧告した勧告値（石綿の粉じんの許容濃度として5μm以上の石綿繊維が1cm^{3}当たり2本）に等しい値が管理濃度の値とされた昭和63年9月1日まで、労働大臣が、労働省告示を改正して上記の勧告値を石綿の抑制濃度の規制値としなかったこと

③防じんマスクの使用の義務付け
昭和47年9月30日以降、特化則の改正により石綿に関する作業について、事業者に対して労働者に呼吸用保護具を使用させる義務付けがなされた平成7年4月1日まで、安衛法に基づく省令制定権限を行使して事業者に対し、防じんマスクの使用を徹底させるための石綿関連疾患に対応する特別安全教育を義務付けなかったこと

(慰謝料基準額)

①じん肺管理区分2で合併症がない場合	1,100万円
②管理2で合併症がある場合	1,400万円
③管理3で合併症がない場合	1,600万円
④管理3で合併症がある場合	1,900万円
⑤管理4、肺がん、中皮腫、びまん性胸膜肥厚の場合	2,300万円
⑥石綿肺（管理2・3で合併症なし）による死亡の場合	2,400万円
⑦石綿肺（管理2・3で合併症あり又は管理4）、肺がん、中皮腫、びまん性胸膜肥厚による死亡の場合	2,600万円

喫煙歴があることだけを理由に減額はしない

| 事例 30-3 31-3 | **上告審**（最高一小平成 26 年 10 月 9 日判決、判例時報 2241 号 3 頁） |

　第一陣訴訟の控訴審判決と第二陣訴訟の控訴審判決における結論が全く異なっていたことから、上告審判決に注目が集まっていたが、最高裁は、2つの上告審判決を下して、判断を統一した。即ち、被告Y（国）の責任を第一陣控訴審は否定していたが、その判断を破棄して被告Y（国）の責任を認めた。

　また、第二陣の控訴審判決は、局所排気装置の使用の義務付けが遅れたこと、石綿粉じんの抑制濃度の規制値が不適正で改訂が遅れたこと、防じんマスクの使用とそのための安全衛生教育の義務付けが遅れたことを国家賠償法1条1項のとしたが、その事由が妥当であるかが争点となり、局所排気装置の使用の遅れだけが違法とされた。このため、第二陣控訴審で被告Y（国）の責任は認められたが、判決の内容を改める必要があり、事件を控訴審に差し戻した。

　まず、事件の内容を整理する。

　大阪府泉南地域に存在した石綿（アスベスト）製品の製造・加工等を行う工場等において、石綿製品の製造等又は運搬作業に従事したことにより、石綿肺、肺がん、中皮腫等の石綿関連肺疾患に罹患したと主張する者X1～X57（元従業員またはその遺族）たち（従業員らの数は、①事件は24名、②事件は33名）が原告となって、被告Y（国）に対して国家賠償法1条1項により損害賠償請求を起こした事件である。

　X1らは、被告Y（国）が、石綿関連の疾患の発生又はその増悪を防止するために、労働基準法及び労働安全衛生法に基づく規制権限を行使しなかったことが違法であると主張した。それに対して、①事件の控訴審判決は、X1らの請求を全面的に棄却し、②事件の控訴審判決は一部の原告らの請求を認容していた。

　なお、上告審判決の前提として、この昭和33年通達とは、昭和33年5月26日付基発338号「職業病予防のための労働環境の改善等の促進について」であり、粉じん作業等につき労働環境の改善等の予防対策のよるべき一般的措置の種類を、「労働環境における職業病予防に関する技術指針」に定めたとしてその実施を促しており、その中に、石綿等の破砕、ふるい分け、ときほぐし

等については局所排気装置を設けることを、また、石綿等の積み込み及び運搬についてできる限り局所排気装置を設けることを定めているものである。また、昭和46年4月28日付の旧特化則の制定は、石綿等を規制対象として、粉じん等が発散する屋内作業についての発生源に局所排気装置を設けなければならないこと等を定めたものであることを理解していただきたい。

判決の内容は次のとおりである。

1　旧労基法、安衛法の規制の目的

旧労基法、安衛法の各規定の趣旨に鑑みると、各法律の主務大臣であった労働大臣の上記各法律に基づく規制権限は、粉じん作業等に従事する労働者の労働環境を整備し、その生命、身体に対する危害を防止し、その健康を確保することをその主要な目的として、できる限り速やかに、技術の進歩や最新の医学的知見等に適合したものに改正すべく、適時にかつ適切に行使されるべきものである。

2　石綿被害と対策

(1) 石綿による被害と対策の歴史

石綿肺の被害及びその対策の状況につき、次のようにいうことができる。

①労働省の委託研究において昭和31年から昭和32年にかけて行われた石綿肺の実態調査では、石綿工場の労働者のうちの10％を超える者に石綿肺の所見が認められるなど、昭和33年頃には石綿工場の労働者の石綿肺罹患の実状が相当深刻なものであることが明らかになっていた。

②石綿肺についての医学的な知見に関しては昭和32年3月31日及び昭和33年3月31日の上記の委託研究の報告において、石綿肺についての一応の診断基準を示されるとともに、石綿肺は、けい肺と同様、重大な疾病であることが指摘された。

③昭和33年頃、局所排気装置の設置は、石綿工場における有効な粉じん防止策であり、その設置により石綿工場の労働者が石綿の粉じんに曝露することを相当程度防ぐことができたと認められる。

④労働省労働基準局長は、昭和30年代から昭和40年代にかけて、通達を発出するなどして局所排気装置の普及を進めていたものの、昭和42年の大阪労働基準局の調査では、1台でも局所排気装置が設置された石綿工場の割合が4割程度にすぎず、昭和46年の同局の調査でも、石綿工場に設置された局所排気装置に設計上の不備等があり現実の労働環境は依然として改善されていないなど、昭和46年当時においても石綿工場における局所排気装置による粉じん対策は進んでいなかった。

（2）局所排気装置の技術的知見

また、局所排気装置の設置に関する技術的知見につき、次のようにいうことができる。

①昭和28年7月、米国の研究者が局所排気装置の仕組み等を説明した書籍が翻訳されて出版され、昭和30年度からの委託研究の成果がまとめられた昭和32年資料において我が国においても局所排気装置の設置等に関する実用的な知識及び技術の普及が進み、局所排気装置の製作等を行う業者及び局所排気装置を設置する工場等も一定数存在していた。

②このような状況の中で、昭和32年9月、労働省の委託研究の成果として、局所排気に関するまとまった技術書である昭和32年資料が発行され、労働省労働基準局長は、昭和33年通達を発出し、別紙技術指針において、石綿に関する作業につき局所排気装置の設置促進を一般的な形で指示した上、その際には昭和32年資料を参照することとした。

③労働大臣は、昭和33年5月26日には、旧労基法に基づく省令制定権限を行使して、罰則をもって石綿工場に局所排気装置を設置するよう義務付けるべきであったのであり、旧特化則が制定された昭和46年4月28日まで、労働大臣が旧労基法に基づく上記省令権限を行使しなかったことは、旧労基法の趣旨、目的や、その権限の性質に照らし、著しく合理性を欠くものであって、国賠法1条1項の適用上違法であるというべきである。

（3）粉じん抑制濃度の規制について

①労働大臣が、昭和46年告示により石綿の抑制濃度の規制値として定めた1㎥当たり2mg（1cm³当たり33本）は、昭和40年に日本産業衛生学会

が米国産業衛生専門家会議の設定した曝露濃度の限界値を参考に石綿の粉じんの許容濃度として勧告した数値に等しいものであり、専門的知見に基づくものといえること、②その後、日本産業衛生学会は、昭和49年に従来の勧告値を見直して5μm以上の石綿繊維が1cm³当たり2本を石綿の粉じんの許容濃度の勧告値としたのに対し、労働大臣は、その約1年半後である昭和50年9月には、昭和50年告示により、昭和46年告示を改正して石綿の抑制濃度の規制を強化し、その規制値を5μm以上の石綿繊維が1cm³当たり5本と定めたこと、③この規制値は、昭和47年に石綿のがん原性の医学的知見が確立したことを受けて米国において定められた石綿粉じんの曝露濃度の規制値と同等のものであり、専門的な知見に基づくことが明らかである。そして、抑制濃度は、粉じん発生源付近に設置されるフードの外側の濃度であり、一般に作業場の中で最も粉じん濃度が高い場所の濃度といえるから、その規制により間接的に作業場全体の粉じん濃度を規制することが可能となるものであり、抑制濃度による粉じん濃度の規制自体が著しく合理性を欠くものということはできない。また、このような抑制濃度の内容からすると、抑制濃度の規制値として、粉じん曝露限界を示す許容濃度の値を用いる場合には、許容濃度等による規制の場合に比べて、より厳しい規制を行うということができる。そうすると、抑制濃度の規制値が、粉じん曝露限界を示す許容濃度等の値よりも緩やかなものであるとしても、そのことから直ちに当該規制濃度の規制値が著しく合理性を欠くものとはいうことはできない。よって、国家賠償法1条1項の適用上違法であるということはできない。

(4) 防じんマスクの着用の規制について

石綿工場における粉じん対策としては、局所排気装置による粉じんの発散防止措置が第一次的な方策であり、防じんマスクは補助的な手段にすぎないものである。そして、防じんマスク式等の呼吸用保護具については、法令上、使用者又は事業者及び労働者に対し、一定の義務が課されておりこれに違反した場合には罰則が科されることになる。また、労働者に対する安全衛生教育については、使用者又は事業者に対し、旧労基法及び安衛法において労働者を雇い入れたときの安全衛生教育の実施義務が課されているほか、安衛法では労働者の作業内容を変更したときの安全衛生教育の実施義務も課されており、さらに、

じん肺法においてじん肺に関する予防及び健康管理のために必要な教育を実施する義務が課されているのであって、これらに違反した場合には罰則が科されることになる（ただし、作業内容変更時の安全衛生教育については平成17年法第108号による安衛法の改正後である）。そうすると、上記の各義務を通じて、労働者の防じんマスクの使用は相当程度確保されるということができる。以上の諸点に照らすと、石綿工場における粉じん対策としては補助的な手段にすぎない防じんマスクの使用に関し、上記の各義務に加えて、使用者又は事業者に対し労働者に防じんマスクを使用させる義務及び防じんマスクに関する教育を実施する義務を負わせなければ著しく合理性を欠くとまではいうことはできない。防じんマスクを使用させること及び防じんマスクに関する教育を実施することを義務付けを行わなかったことが、旧労基法及び安衛法の趣旨、目的やその権限の性質等に照らし、著しく合理性を欠くとまでいうことはできないとして国家賠償法1条1項の適用上違法であるということはできない。

3 規制権限の不行使の違法

　以上に照らすと、労働大臣は、昭和33年頃以降、石綿工場に局所排気装置を設置することの義務付けが可能になった段階で、できる限り速やかに、旧労基法に基づく省令制定権限を行使し、罰則を以て上記の義務付けを行って局所排気装置の普及を図るべきであったということができる。

　そして、旧特化則が制定された昭和46年4月28日まで、労働大臣が旧労基法に基づく上記省令制定権限を行使しなかったことは、旧労基法の趣旨、目的やその権限の性質等に照らし、著しく合理性を欠くものであって、国家賠償法1条1項の適用上違法であるというべきである。

> **ポイント**
> ・原告：一陣（24名）、二陣（33名）の元従業員及び遺族
> ・被告：国
> （被告国の責任）
> 　昭和33年5月26日には、旧労基法に基づく省令規制権限を行使して、罰則を以て石綿工場に局所排気装置を設置するように義務付けるべきであった。旧特化則が制定された昭和46年4月28日まで、労働大臣が旧労基法に基づく省令権限を行使しなかったことは、合理性を欠き、違法

（個人的な意見）

　この最高裁判決の考え方は、石綿工場においては局所排気装置の設置が一次的な防止義務、防じんマスクを使用させることが二次的な義務であるというのであるが、余り説得力はない。

　また、果たして昭和33年当時に有効な局所排気装置を現実に製造できたか否かの懸念もある。文献上は可能となっていても、昭和33年当時では、現実にはうまくいかないことは多かったのではないであろうか。

　石綿粉じんであっても、粉じん吸入の防止の最大かつ最良の措置は防じんマスクの交付と使用の義務付けであると思う。これが二次的措置だから防じんマスクの交付、使用させることを義務付けなくても違法とはいえないというのはなかなか理解できない判断である。また、規制権限を行使しなかったことが違法であるのか否かにつき、省令での措置を定めて実施したから、それで国の責任がなくなるというのもあまりに技巧的であり、問題はどれだけ実行性のある規制であったかが問われねばならず、その点の検討が十分ではないと思われ、その意味で説得性を欠く判決といえる。

第4章　全国建設アスベスト事件

1　はじめに

　建築現場（屋外作業場）において建築物の新築、改修、解体作業等に従事した作業員らが建築作業に従事する際に、石綿含有建材から発生した石綿粉じんに曝露し、石綿関連疾患（良性石綿胸水、石綿肺、肺がん、中皮腫、びまん性胸膜肥厚等）に罹患したとして、労働者らが被告国に対して国家賠償法の責任を、数多くの建材メーカーに対して民法719条の共同不法行為等に基づいて責任を求めた事案であり、屋外型のアスベスト曝露事件である。

　事件としては、①神奈川一陣1審（横浜地裁平成24年5月25日判決）、②東京一陣1審（東京地裁平成24年12月5日判決）、③九州一陣1審（福岡地裁平成26年11月7日判決）、④大阪一陣1審（大阪地裁平成28年1月22日判決）、⑤京都一陣1審（京都地裁平成28年1月29日判決）、⑥北海道一陣1審（札幌地裁平成29年2月14日判決）、⑦・神奈川二陣1審（横浜地裁平成29年10月24日判決）、⑧神奈川一陣控訴審（東京高裁平成29年10月27日判決）、⑨東京一陣控訴審（東京高裁平成30年2月14日判決）、⑩京都一陣控訴審（大阪高裁平成30年8月31日判決）、⑪大阪一陣控訴審（大阪高裁平成30年9月20日判決）が出ており、今後も続々と続くと思われる。

2　建設アスベスト事件判決の特徴（総論）

（1）石綿関連疾患の知見時期

　石綿関連疾患について、国が規制をし、また、企業が対策を取る場合に、何時から規制権限を行使するべきであったか、また、企業は何時から対策を講じるべきであったかの判断の前提として、関連疾患の医学的な知見の時期の問題がある。

　この点は、各判決も、概ね一致している。

　石綿肺については、昭和31年、32年に労働省による労働衛生試験研究が行われその結果が発表になった昭和33年頃である。

　肺がんと中皮腫、びまん性胸膜肥厚については、ＩＡＲＣ（国際がん研究機関）

の報告、研究が公表された昭和47、8年頃である。

（2）国の規制権限の不行使について

　国の規制権限が不行使が違法になるか否かについては、神奈川一陣1審判決（横浜地裁平成24年5月25日判決）のみが違法でないとしたが、他の判決はいずれも、国の権限の不行使が違法であると判断した。

　権限の不行使には、①労働安全衛生法関係、②アスベストの製造禁止の関係、③建築基準法関係の3種類であるが、一部では、④「劇毒法の関係」の主張もある。多くの判決は労働安全衛生法関係の規制権限の行使についてのみ違法であるとの判断である。大阪建設アスベスト一陣1審判決（大阪地裁平成28年1月22日判決）は①、②、③のいずれも違法と判断したのと比べると対照的である。

　その「①労働安全衛生法関係の違法と判断された規制権限不行使」であるが、これも各判決によって判断が異なり、興味深い。

　⑥北海道事件判決では、昭和56年以降防じんマスクの使用を義務付けること、警告表示・現場での掲示を義務付けるべきであった（平成16年10月1日に違法性は解消）、⑦神奈川二陣1審判決は、昭和51年1月までに防じんマスクの使用を義務付けるべきであったとして権限不行使の違法があるとした（平成7年4月1日に違法性は解消）、⑧神奈川一陣控訴審判決は、昭和56年以降防じんマスクの使用を義務付けるべきであったのに規制をしなかったことを違法とした（平成7年4月1日に違法性は解消）。⑨東京一陣控訴審判決は、昭和50年1月以降、防じんマスクの使用の義務付け、警告表示を徹底して義務付なかったことを違法（平成16年10月1日に違法性は解消）とした。

（3）一人親方・零細事業者の保護

　労働安全衛生法の保護の対象は「労働者」であるが、建築現場には労働者ではない一人親方も多くいるが、これらの者は、労働安全衛生法の適用を受けないので、国の規制権限不行使によって損害を受けないことになり、保護の対象にならないのかという問題もある。

　これまでも、⑨東京一陣控訴審判決は、一人親方でも保護の対象になると判断した。さらに、大阪高裁の⑩京都アスベスト一陣控訴審判決（平成30年8月31日）と⑪大阪アスベスト一陣控訴審判決（平成30年9月20日）のいずれ

も一人親方に対しても国の責任を肯定しているのである。

（4）被告企業の責任

　被告企業は、石綿含有の建材を製造しているか販売している事業者であり、国土交通省の作っている「石綿（アスベスト）含有建材データベース」によって特定された建材を製造又は販売していた者であり、そのうち、従事者が建築現場においてどの建材からのアスベスト粉じんを曝露したかの特定は不可能である。それで、この被告企業数十社の責任を問えるかという問題である。

　その建材を製造又は販売した企業の責任を問うには、本来、石綿関連疾患に罹患した者の曝露した石綿粉じんがその建材から飛散したものであることの立証が必要なはずであるが、現実にはそのようなことは立証できないので、原告側は、共同不法行為として民法719条1項前段、同項後段の共同不法行為責任、さらには同項後段の類推適用という主張まで出現し、それらの可否を問うことになった（なお、製造物責任法3条の適用の主張もあるが、これは因果関係の点で不法行為の考え方と同様であり、重ねて検討する必要はないと思われる）。

　民法719条1項前段の共同不法行為は、数人の加害者が共同して被害者に損害を与えたとき、共同行為者は各自連帯して被害者に生じた損害を賠償するという規定であり、各行為者の行為に客観的に関連共同性が必要であるとともに、個別にそれぞれが不法行為の要件を満たすことが必要とするが、これらの建材の製造又は販売をした企業らには主観的にも客観的にも関連共同性がみられないので、この規定を適用することはできず、これまでの建設アスベスト事件判決で、適用して認めたものはない。

　民法719条1項後段は、共同行為者のうちの誰かの行為は損害を発生させたことは明らかであるが、いずれの者がその損害を加えたか不明であるという場合にも、行為者全員が連帯責任を負う旨を定めたものであるが、この規定によっても、必ずしも、データベース記載の被告ら企業以外にも製造又は販売した企業はあるし、そもそも、被災者ごとにそれらの企業の製造又は販売した建材すべてから石綿粉じんを曝露したとも、その建材の粉じんがその建設現場に到達したという証明もないのであるから、この規定を適用することはできないことになる。これまでもこの主張を認めた判決はない。

　このように、民法719条1項前段・後段のオーソドックスな解釈で行けば、

被告企業の責任は認められないのは当然の事理である。ところが、そのような伝統的な立場では被災者等の救済にとって十分ではないと考えるからであろうが、民法719条1項後段の類推適用という考え方を導入して、被災者らの救済を図ろうとする立場が生まれた。京都建設アスベスト一陣1審事件（京都地裁平成28年1月29日判決）が初めてそのような判断をしたが、今回、②神奈川建設アスベスト二陣1審事件判決、③神奈川建設アスベスト一陣控訴審事件判決、④東京建設アスベスト一陣控訴審事件判決も、一部の被告企業について賠償責任を認めた。さらに京都建設アスベスト控訴審事件判決、大阪建設アスベスト控訴審事件判決も、一部の企業に賠償責任を認めており、その考え方が広まり、多数意見になりそうな勢いである。その考え方は、職種毎に、その建材が限定されており、しかもその建材についてシェアが一定の割合を占めているような場合に、統計的に相当の確率でその建材の発する石綿粉じんが特定の職種の被災者に到達しているものとみなすという考え方のようであるが、理論的には明快なものとはいいがたい。私見であるが、裁判所の認定は自由心証であるとはいえ、このような考え方は未だに一般に通用するとは到底思えないところである。

（5）賠償額

　被災者の慰謝料額であるが、いずれもランク付けをしており、神奈川建設アスベスト二陣1審判決では、①良性石綿胸水（1,200万円）、②石綿肺の管理区分2で合併症（1,800万円）、③石綿肺で管理区分3で合併症（2,100万円）、③肺がん、中皮腫、びまん性胸膜肥厚（2,400万円）、④肺関連疾患により死亡した場合（2,700万円）と認定している。若干の多寡はあるが、概ね、このような水準となっている。

　また、国の責任が認められる場合に、国の責任は後見的、補充的であることから、その慰謝料額の3分の1とするという扱いである。但し、大阪建設アスベスト一陣控訴審事件（大阪高裁平成30年9月20日判決）の判決は、「3分の1」を「2分の1」に引き上げている。

　以下、各事件を詳細に紹介することとする。

事例 32-1 東京建設アスベスト第一陣第1審判決

（東京地裁平成 24 年 12 月 5 日判決、判例時報 2183 号 94 頁）

　本件は、建設業に従事した作業者またはその遺族 X 1 ら 337 名が、国と建材の製造・販売業者ら Y 1 社ら 42 社に対して、石綿（アスベスト）粉じんに曝露した事により、石綿肺、肺がん、中皮腫等のアスベスト関連疾患に罹患したとして被告国に対しては国家賠償法 1 条 1 項による賠償責任を、建材製造・販売業者らは民法 719 条により共同不法行為により連帯して責任を負うとして賠償請求した事案である。

第1　被告国の責任

1　石綿粉じん曝露防止についての被告国による規制の必要性

　石綿粉じん曝露防止策が、事業者や石綿含有建材の製造販売企業によって現実に講じられることがなかったことは粉じん曝露実態や建築現場における防じんマスクの着用及び備付け状況、石綿含有建材らの注意義務違反等からして明らかであるところ、実際の建設工事が複雑な下請関係の下で中小零細企業によって行われている場合が多いという我が国特有の事情から、建設現場においては労働災害の多発等の問題が多くみられ、そのような建築労働の実情に鑑み、昭和 51 年に建設雇用改善法が施行されたが、同法の施行後においても、雇用の改善は一次下請企業のレベルだけに止まるといった問題が指摘されており、建築作業従事者の労働安全衛生の確保が、建築現場における元方事業者や労働者の直接の使用者によっては自主的に講じられるとは期待しがたかったといえる。また、石綿含有建材の製造販売企業の業界においては、昭和 50 年改正特化則において講じられた規制さえも、業界の予想をはるかに上回る厳しい規制であると受け止められていたことからすれば、当該企業が被告国の規制を上回る内容の石綿粉じん曝露防止策を自主的に講じることもまた期待しがたい状況にあったといえる。

　これらに照らすと、建築現場における建築作業従事者の石綿粉じん曝露を防止するためには、被告国による規制権限の行使の必要性が特に高かったという

べきであり、被告国が規制権限を行使しなければ、Ｘ１らの石綿粉じんの曝露は避けられない状況にあったというべきである。

2　石綿粉じん曝露防止措置の規制の内容

　建築現場における石綿粉じん曝露を防止するためには、建築現場における作業のうち、既に相当の石綿粉じん発散作業であると容易に認識可能であった①切断、穿孔、研磨作業、②石綿等を塗布し、注入し、又は張り付けた物の解体等の作業、③粉状の石綿等を容器に入れ、又は容器から取り出す作業、④粉状の石綿等を容器に入れ、又は容器から取り出す作業、⑤清掃作業から生じる粉じんへの曝露防止策を講じる必要があったというべきである。

　具体的な防止策としては、建設現場においては、防じんマスクの使用が、石綿粉じん曝露防止のための唯一の現実的な手段であった事に照らすと、石綿粉じん曝露を防止するための措置としては、①～⑤の作業を行わせる際には、呼吸用保護具を着用させねばならないという直接的な義務を特化則により罰則を以て課す必要があったというものである。さらに、労働者による防じんマスクの着用を実効的なものにするべく、石綿含有建材への警告表示や建築現場での警告の掲示の内容として、石綿粉じんが肺がんや中皮腫などの重篤な疾患を生じさせるものである旨を明示した上、上記①～⑤の作業を行う際には必ず防じんマスクを着用するよう明示することを義務付けることや、安全教育の内容として、石綿粉じん曝露による肺がんや中皮腫の危険性を盛り込むこと等が考えられ、これらの措置を併せて講じていれば、建築作業従事者の石綿粉じんの曝露及びそれによる石綿関連疾患への罹患を相当程度防止することができたと考えられる。

3　規制権限の行使の態様と時期

　これらの防じんマスクの着用を罰則を以て義務付けること、警告表示として石綿粉じんが重篤な疾患を生じさせる旨明示した上、石綿粉じんを発生させる作業を行う際には必ず防じんマスクを着用するよう明示することを義務付けること等であり、これらの措置は省令改正を要するものであるから、これを講じ

るのに一定の期間を要するものであるが、それはさほど長期にわたらないと考えられる一方、昭和54年の時点で、昭和40年代以降の建築現場において石綿粉じんに曝露したことによる石綿関連疾患罹患者が今後発生増大することは容易に予見することができたのであるから、規制権限の行使が喫緊に必要な状態であったということができ、遅くとも被告国は昭和56年1月の時点では上記規制を行うべき義務を負っていたというべきであって、被告国がこれを怠ったことは著しく不合理であり、違法というほかはない。

第2 被告企業の責任

1 被告Y1社らの注意義務違反

　遅くとも、昭和56年1月以降においても石綿含有建材を製造・販売しようとする者は、条理又は信義則に基づき、石綿含有建材に含有される石綿が重量比5％を超えるか否かにかかわらず、事業者及び建築作業従事者が防じんマスクの着用等石綿粉じん曝露による危険を回避する方策を講じることを実行あらしめるべく、当該建材が石綿を含有することはもとより、防じんマスクの着用等の安全対策を施さないまま石綿を含有する粉じんに曝露されたときは、がんや中皮腫など重篤な石綿関連疾患に罹患する危険があることを具体的に明示すべき注意義務を負うというべきである。そして、この注意義務は、がんや中皮腫を発症するおそれがある石綿を含有する石綿含有建材の販売者という地位自体に由来するものであるから、自らは製造に関与していなかったとしても、石綿含有建材を販売する以上は上記義務を負うと解すべきであるし、自社製品の市場における占有率が低いとしても、上記義務を免れるものではないと解すべきである。

　昭和50年に安衛法及び安衛令が改正され、これにより石綿を含有する製剤その他の物（ただし、石綿の含有量が重量5％以下のものを除く。）についても、その譲渡又は提供に当たり、容器や包装に名称や成分等の事項の表示が義務付けられることとなった。そして、Y1社らにおいて、上記安衛法及び安衛令並びにこれに基づく通達に従った警告表示をしていたとしても、石綿含有建材を製造、販売する者として負う警告義務を尽くしたとは認めがたいから、この点でY1社らには過失があったというべきである。

また、製造物責任法が施行された平成7年7月1日以降にY1社らがした石綿含有建材の製造、販売については、石綿含有建材が切断等の加工により必然的に石綿粉じんを発生させる反面、事業者及び建築作業従事者が石綿の危険性に応じた適切な回避措置を講じるに足りるだけの十分な警告表示を伴わなかった点において、製造物である石綿含有建材が通常有すべき安全性を欠いていたというべきであるから、Y1社らのうち同日以降の製造行為について、同法6条により適用される民法719条の共同不法行為責任の要件が満たされる場合には、製造物責任法3条に基づく責任を負うことになる。

2　民法719条1項前段の共同不法行為の成否

　X1らは、国交省データベースに石綿含有建材の製造者として掲載された者のうち主要な企業であるY1社らが、それぞれ、建設現場において集積することを当然の前提として自社の石綿含有建材を製造、販売することによって、特定の原告が現実に建築作業に従事した特定の建築現場にあまねく石綿含有建材を集積させ、石綿粉じんで汚染させたことをもって、X1等原告に対する加害行為と捉えた上で、Y1社ら企業の関連共同性を基礎づける事実として、危険共同体としての一体性（石綿含有建材の危険の同質性及び建築現場への集積の必然性）、利益共同体としての一体性（業界団体を通じての事業活動、宣伝活動、石綿規制への抵抗等）等を主張する。しかしながら、民法719条1項前段は、結果の発生に関与した複数の行為者について、一切の減責の主張を許さず、不真正連帯責任を負わせるという法的効果をもたらすことに鑑みれば、共同不法行為の要件である関連共同性についても、共同の不法行為を行った旨主張されている者らの結びつきが、損害の発生との関係において、上記効果を正当化するに足りるだけの強固なものであることが求められるというべきである。

3　民法719条1項後段に基づく責任

　民法719条1項後段の規定は、共同行為者のうちいずれかの者がその損害を加えたかを知ることができないけれども、当該共同行為者は同項前段に基づくのと同様の責任を負う旨規定し、これは、関連共同性を欠く数人の加害により

損害が生じ、その損害が当該数人中の誰かの行為によって生じたことは明らかであるが、誰が生じさせたか不明の場合（択一的競合）において、因果関係を推定し、当該行為者に連帯して賠償責任を負わせる趣旨の規定であると解される。このように関連共同性を欠く複数の行為のいずれかについても損害との因果関係が推定され、当該行為者において因果関係の不存在を立証することができない限り、損害賠償責任を負う事になるという効果の強さに照らすと、同項後段を適用する前提として、加害行為が到達する相当程度の可能性を有する行為をした者が共同行為者として特定される必要があり、かつ、その特定は、各被害者（各原告等）ごとに個別的にされる可能性がある。

同項後段の趣旨に照らせば、累積的競合又は寄与度不明の場合にあっては、各被害者との関係で、加害行為が到達する相当程度の可能性を有する行為をした者が共同行為者として特定される事が前提であると解されるところ、本件においてはこうした特定がされているとは認めることはできない。

ポイント

原告：被災者及び遺族337名
被告：国、建材メーカー42社
（医学的知見時期）
　石綿肺は昭和33年頃、肺がん・中皮腫は昭和47年
（被告国の責任）
　一部責任あり（国賠法1条1項）
・遅くとも昭和56年1月
　　防じんマスクの着用を罰則での義務付けを怠った
　　石綿含有建材への警告表示や建設現場での警告表示を義務付けを怠った
・屋外作業にしか従事していない者については規制権限を行使しなかった
　ことは違法ではない
・建基法に基づく石綿含有建材の製造禁止義務認めず
　建基法90条違反認めず
・一人親方や零細事業者については労働者ではなく責任を負わない

（被告企業の責任）
 責任無し
 昭和50年安衛法・安衛令の改正による容器・包装にアスベストの危険性を表示すべき義務違反、民法709条の責任、製造物責任法3条の責任
 民法719条1項前段・後段ともに要件を満たさず
（賠償額）
 総額約10億6,400万円
 ①管理区分2合併症ありは1,300万円
 ②管理区分3で合併症ありは1,800万円
 ③管理4、肺がん、びまん性胸膜肥厚は2,200万円
 ④石綿関連疾患による死亡は2,500万円
・被告国の責任は3分の1
・過失相殺：肺がん患者につき喫煙歴のある者は1割減

事例 32-2	東京建設アスベスト第一陣控訴審事件

(東京高裁平成 30 年 2 月 14 日判決、ウェストロー・ジャパン)

　建築物の新築、改修、解体作業等に従事した作業従事者又はその相続人である原告ら（控訴審結審時は 354 名）が、その現場で使用された石綿含有建材から発生した石綿粉じんに曝露したことによって石綿関連疾患（石綿肺、肺がん、中皮腫、びまん性胸膜肥厚）に罹患したとして被告国と被告建材メーカー企業 42 社を訴えた事件である。

　被告国に対しては、石綿含有建材についての規制権限を有していたとして、規制権限を行使しなかったことをもって、国家賠償法 1 条 1 項の責任を求め、被告企業に対しては、石綿含有建材を製造販売していたことが石綿曝露の原因であったとして民法 719 条 1 項前段または後段の共同不法行為の規定さらにはその類推適用により、または製造物責任法 3 条による石綿含有建材を製造販売していた企業に対しては損害賠償責任を追及した。

第 1　被告国の責任

1　安全衛生法令に基づく規制権限の不行使の違法性

　被告国（労働大臣等）は、遅くとも昭和 50 年改正特化則の施行日である昭和 50 年 10 月 1 日以降、安衛法上の権限を適切に行使して、建設屋内で石綿粉じんの曝露作業（石綿吹付け作業を含む。）に従事する労働者に対する関係で、事業者に対し、防じんマスクの使用につき、直接的かつ明確な規定をもって義務付けたり、建設現場における警告表示（掲示）として石綿含有量が重量比で 5 ％以下のものを含め、石綿関連疾患の具体的内容及び症状等、並びに防じんマスク着用の必要に関する記載を義務付けたり、また、建材メーカー等に対し、石綿含有量が重量比で 5 ％以下のものも含めて、石綿関連疾患の具体的内容及び症状、並びに防じんマスク着用の必要について通達で具体的に指導したりすべきであったにもかかわらず、石綿の含有量が重量比 1 ％超の製品等の製造が禁止された平成 16 年 9 月 30 日までの間（「本件責任期間」という）、安衛法上の

規制権限を行使しなかったことは、国賠法1条1項の適用上違法であったと認められる。

2 製造禁止措置

　先進国においては、クリソタイルを含めて全面的に禁止されたのは、平成12年前後のことであり、アメリカにおいては、現在に至るまで石綿の使用等が全面的に禁止されておらず、カナダにおいても、クリソタイルについては一貫して管理して使用すれば安全であるとの立場がとられている。そして、我が国においては、輸入された石綿のうち、多くが建材に使用され、耐火構造や防火材料等として指定・認定された石綿含有建材が建物に多く使用され、社会による需要は高かった。

　以上の諸外国における規則の状況及び我が国における石綿の社会的需要の高さという実情に照らすと、被告国の規制措置が、諸外国の規制状況と比較し、著しく時期に遅れ、不合理であったとまでいうことはできない。

3 一人親方の保護

　確かに、被告国の規制権限の行使として、現場の事業者に、事業者と雇用関係があるとはいえない一人親方等に対してまで、防じんマスクの使用が義務付けられるべきであったということは困難である。

　しかし、被告国の労働者の就労場所に関する規制権限の行使として、被告国が労働者に対する関係で、建材メーカー等に対し、警告表示の内容をより具体的にするように通達を発出し、また、事業者に対する警告表示を義務付けた場合、建設現場において、労働者とともに建設作業に従事する一人親方等に対しても、被告国は、労働者に対する関係での規制権限の行使を通じて、間接的に一人親方等に対しても、被告国は、労働者に対する関係での規制の効果を及ぼすことができ、その結果、一人親方等は、有害物質の危険や防じんマスク着用の必要性の告知・情報提供という点で、労働者が受ける利益と同等の利益を受けることになる。

　被告国の労働者に対する関係での警告表示義務付け等に係る規制権限の不行

使が違法となる場合、一人親方等の関係でも、本件責任期間内において、国賠法１条１項の適用上、違法になるものと評価するべきであり、併せて、規制権限を有する公務員（労働大臣等）には、警告表示の点につき過失があるものと認められる。

第2　被告企業の責任（民法719条1項）

1　民法719条1項前段

被告企業らの石綿含有建材の製造または販売行為について、共同の不法行為（民法719条1項前段）を認めることはできない。

2　民法719条1項後段

また、被告企業らは、石綿含有建材の製造又は販売している業者であり、その取扱い量が多く、シェアの高い業者で国交省データベースに掲載された企業たちである。そして、各被災者らの職種及び就労期間に着目し、当該職種の者が直接取り扱う可能性が高い建材を特定したものにすぎず、それにしても、各被災者らが建設現場において現実に取り扱った石綿含有建材を具体的に特定するものではないし、被告企業らの製造販売していた建材が被災者等の建設現場に到達したことの証明がなされているとはいい難いから、これらの建材を製造または販売して流通に置いていたとしても、被告企業等の加害行為やその製造又は販売に係る企業相互間の社会通念上の一体性（時間的・場所的近接性）が基礎付けられるとはいえない。よって、被告企業らの建材の製造又は販売行為についての「共同行為（同項後段）」を認めることはできない。

3　民法719条1項後段の類推適用

原告らの主張では、国交省データベースの掲載情報を基礎として、被告企業らのシェア（一審被告企業らが製造又は販売する建材が、その建材市場において占める割合）を踏まえて、製品の製造期間と就労期間の重複、建設現場数等を考慮に入れて共同行為者を特定し得る旨主張する。しかし、国交省データベー

スの前記の正確性の問題点に加え、原告らが提出する資料のみでは、被告企業らのシェアを的確に認定し得ないものであること等からすれば、被告企業らの製造又は販売に係る石綿含有建材が被災者らの従事する建設現場に現実に到達したことが証明されているとはいえないから、重合的競合の類型に属する原告等の主張は採用することはできない。

4 製造物責任法3条

被告企業ら相互に強い関連共同性又は弱い関連共同性の要件を満たすものとは認められず、また、択一的競合又は重合的競合の要件を満たすものとは認められないから、製造物責任法に、民法719条1項前段または後段（類推適用を含む）を適用して、原告らが主張する製造物の欠陥と被災者らの権利侵害との間の個別的因果関係を擬制ないし推定する余地はない。

第3 賠償額（慰謝料額）

1 慰謝料額

原告らが被災の症状・程度に応じて受けられるべき慰謝料額は以下のとおりである。
　①じん肺管理区分2で合併症のある者1,300万円、
　②管理3で合併症ある者1,800万円、
　③肺がん、中皮腫、びまん性胸膜肥厚、良性石綿胸水又は管理区分4の者2,200万円、
　④石綿関連性疾患により死亡した者2,500万円、
総額で約22億8,147万円

2 被告国の責任の範囲

被告国が安衛法関係において定める規制は、あくまでも労働災害防止のための最低基準であり、労働者の安全の確保は、基本的には事業者の責任により行われるものであるから、被告国の責任は、これを補完する二次的なものと解される。

そして、被災者らの石綿関連疾患の罹患という健康被害は、被告国の規制権限の不行使だけでなく、事業者の労働者に対する安全配慮義務を通じた監督義務の不履行、そして被告企業らは、共同不法行為等の損害賠償責任を負わないものの、被告企業らが製造又は販売した石綿含有建材による石綿粉じんへの曝露が総合して生じていると考えられる。従って、被災者等の石綿関連疾患の罹患という健康被害に対する被告国の責任（寄与度）は、その他の原因との関係で、被告国の責任が肯定される原告らに対し、それぞれの損害額の３分の１の金額の限度で責任を負うに止まるものと解するのが相当である。

> **ポイント**
>
> 原告：被災者、遺族を合わせて354名
> 被告：国、建材メーカー42社
> （医学的知見の時期）
> 　石綿肺は昭和33年頃、肺がん・中皮腫は昭和47年頃
> （被告国の責任）
> ・労働安全衛生法関係の規制権限の行使を怠ったことは認める
> ・防じんマスクの着用、防じんマスク着用のための有害性の警告表示が遅れたこと
> ・製造禁止の関係は認めない
> ・建築基準法関係は認めない
> ・屋外作業のみに従事していた者に対する関係では認めない
> ・一人親方、零細事業主関係は認める
> （被告企業の責任）
> ・民法719条1項前段は、認めず
> ・民法719条1項後段は、認めず
> ・民法719条1項後段の類推適用を認めず
> ・製造物責任法3条の責任は認めず
> （賠償額）慰謝料（総額約22億8,147万円）
> 　①じん肺管理区分2で合併症ありは1,300万円
> 　②管理区分3で合併症は1,800万円
> 　③肺がん、中皮腫、びまん性胸膜肥厚、良性石綿胸水、管理区分4は2,200万円
> 　④石綿関連疾患により死亡・2,500万円
> ・国の責任は3分の1
> ・過失相殺：肺がん患者につき喫煙歴のある者は1割減

| 事例 33-1 | 神奈川建設アスベスト第一陣１審事件
（横浜地裁平成 24 年 5 月 25 日判決、判例集未登載・ウェストロー） |

　原告らは、主として神奈川県内において建設作業に従事した作業員またはその遺族ら75名であり、いずれも建設工事によって石綿粉じんを曝露して、石綿関連疾患（石綿肺、肺がん、中皮腫等）に罹患したと主張した。被告は被告国と石綿含有建材を製造販売していた被告企業44社である。

　被告国に対しては、石綿粉じんを曝露しないように、労働安全衛生法関係、建築基準法関係の規制権限を行使すべきであったのにそれを怠ったとして、国家賠償法1条1項に基づく責任を、被告企業らについては、民法719条の共同不法行為、製造物責任法3条により損害賠償請求訴訟を提起した。

　本件は、集団訴訟としての建設アスベスト訴訟としては、初めて判決に至った注目すべき事件である。とともに、被告国の責任も全部棄却した点でも注目される。

第1　被告国の責任

1　被告国の規制権限の不行使

（1）建築基準法2条7号から9号までの規制権限

　建築基準法は、もともと、当該建築物の居住者及び当該建築物の近隣に居住する者を保護の対象にするものである。しかしながら、耐火構造や防火構造に関する規定においては、建設作業従事者も保護の対象になっているというべきであり、建設大臣等は、建築基準法2条7号から9号での耐火構造等の指定をするに当たり、その指定内容が建設作業従事者の生命及び健康への侵害をもたらすことのないよう配慮すべき職務上の法的義務を負うものと解するのが相当である。

　但し、昭和50年までに被告国が建築基準法令に基づき石綿含有建材を用いた構造を耐火構造等に指定した行為を、原告等に対し石綿含有建材の使用を強制した加害行為として違法であるということはできない。

（2）石綿の製造等の禁止

　原告らが主張する昭和39年又は昭和40年、昭和47年、昭和50年、昭和53年及び昭和62年の各時点において、石綿の製造等を禁止すべき義務を根拠づける事実はなく、国が、各時点の石綿の製造等の禁止措置を講じなかったことが、許容される限度を逸脱して著しく合理性を欠いたものであったと認めることはできない。

（3）製品への石綿の有害性等の表示

　労働省は、昭和47年には石綿のがん原性が指摘されて以降、職業性疾病対策の観点から、昭和50年には、安衛令及び安衛則を改正したのであるから、時間的なずれはあるが、これを許容される限度を逸脱して著しく合理性を欠く遅れということはできない。また、労働大臣が石綿の含有量が重量の5％以下の製剤等を名称等の表示の対象から除外したことが、許容される限度を逸脱して著しく合理性を欠くものであったということはできない。

（4）定期的粉じん濃度測定について

　原告らは、国が、安衛法が制定された昭和47年の時点で、石綿含有建材を取り扱う建設現場を粉じん濃度測定を実施すべき作業場に指定しなかったことは違法であると主張するが、昭和47年であったとしても、建設現場について、場の測定としても、個人曝露濃度測定としても、石綿粉じん濃度を有効に測定できる手段はなかったというべきである。従って、国には、その時点で定期的粉じん測定を事業者に義務付ける義務はなかったというべきである。

（5）石綿吹付けの禁止について

　国が、昭和40年、昭和45年及び昭和48年の各時点で、石綿吹付け作業を禁止する措置を講じなかったこと並びに昭和50年改正特化則38条の7において、除外措置があったことが、許容される限度を逸脱して著しく合理性を欠くものであったとは認めることはできない。

（6）建築現場における警告表示について

　安衛法等の制定の時点で、石綿含有建材を取り扱う建設現場に警告表示を義

務付けるべきとするまでの医学的知見はなかったというべきである。そして、労働省は、石綿のがん原性が指摘されて以降職業性疾病対策の観点から、昭和50年には、特化則を改正したのであるから、時間的なずれはあるが、これを許容される限度を逸脱して著しく合理性を欠く遅れということはできない。

（7）集じん機付電動工具の使用について

　原告らは、国が、昭和47年の地点で、安衛法22条、23条及び27条1項に基づき、石綿含有建材を取り扱う建設現場において集じん機付電動工具の使用を事業者に義務付けなかったことは違法と主張するが、昭和47年の時点においても、建設現場での実用に耐えられる集じん機が開発されていたことを示す具体的事実の立証はない。

（8）プレカット工法について

　昭和50年の時点においても、全ての建材の工場等での事前加工の実現可能性は不明であり、また、加工場所の隔離が現実的ではなかったことも事実であり、プレカット工法に関して、許容される限度を逸脱して著しく合理性を欠く規制権限の不行使があったと認めることはできない。

（9）局所排気装置の使用等について

　移動式局所排気装置や移動式集じん機の問題点が、昭和47年には解消されていたと認めるべき証拠はない。局所排気装置の設置等に関し、許容される限度を逸脱して著しく合理性を欠く規制権限の不行使があったと認めることはできない。

（10）エアラインマスク等の使用について

　エアラインマスクの使用に関し、許容される限度を逸脱して著しく合理性を欠く規制権限の不行使があったと認めることはできない。

（11）特別教育について

　特別教育に関し、許容される限度を逸脱して著しく合理性を欠く規制権限の不行使があったと認めることはできない。

(12) 毒物劇物取締法の劇物の指定について

石綿を毒物及び劇物取締法上の劇物と定めて同法の規制対象とすることは困難というべきである。

第2　被告企業の責任

1　民法719条1項前段の責任

同項前段は、数人が共同の不法行為によって他人に損害を加えた時、共同行為者として共同行為者は、各自連帯して、被害者に生じた損害を賠償するという規定である。この場合、各行為者の行為に関連共同性があることの他に、各人の行為がそれぞれ個別に不法行為の要件を備えることを要件とする立場に立つときは、原告らは、被告企業ら各自の製造等行為と各原告の石綿粉じん曝露又は石綿関連疾患発症との因果関係について、そもそも個別具体的に主張・立証することをしないのであるから、同項前段の共同不法行為もおよそ成立しないというほかはない。

もっとも、同項前段の共同不法行為の成立のためには、各人の行為と被害者の損害の発生との間の個別的な因果関係の主張立証は不要であり、①各人の行為の関連共同性と、②共同行為と損害発生との間の因果関係があれば足りるとの立場に立ったとしても、本件では、被告企業44社の行為に関連共同性を認めることはできない。

2　民法719条1項後段の共同不法行為について

同項後段は、共同行為者のうちの誰かの行為が損害を発生させたことは明らかであるが、実際にいずれの者がその損害を加えたか不明であるという場合（択一的競合関係にある場合）に、行為者全員が連帯責任を負う旨を定めたものである。

同項後段の不法行為が成立するためには、少なくとも、被告企業らのうちの誰かの石綿含有建材の製造等行為に起因して各原告が石綿関連疾患を発症したことは明らかであるとの関係が認められることを要するという立場に立つときは、石綿含有建材データベースに石綿含有建材の製造メーカーとして登録して

ある会社は、被告企業以外にも40社以上ある上、廃業してしまった会社もあることを考慮すると、被告企業ら以外にも、各原告の石綿関連疾患発症の原因となった石綿含有建材を製造等した可能性のある者がいるということになる。原告らは、石綿含有建材データベースによって特定した被告企業らが製造等した石綿含有建材は、市場占有率が高く、全体としてみれば、国内において使用されてきた石綿含有建材のほぼ全てを網羅しているから、同項後段の行為者の特定を満たすなどと主張する。

しかしながら、同項後段の択一的競合関係は、共同行為者とされる者以外に疑いをかけることのできる者はいないという程度までの立証を要するものとすれば、同項後段の特定として足りるということはできない。

原告らは、石綿関連疾患（少なくとも肺がん、中皮腫）の発症には石綿粉じん曝露の閾値がないから、被告企業等は、択一的競合の関係にあると主張する。即ち、石綿含有建材を製造等した以上は、各原告の損害を発生させる可能性があるということである。しかしながら、同項後段の適用又は類推適用のために、択一的競合関係にある共同行為者の範囲を画するものとして、石綿含有建材を製造等したことがあるということだけで足りるものとは解されない。

被告企業44社の石綿含有建材の製造の種類、時期、数量、主な販売先等は異なり、一方で、各原告又は被相続人の職種、就労時期、就労場所、就労態様は異なる。そうであれば、各原告又は被相続人の損害を発生させる可能性の程度は、各被告ごとに大きく変わり得る。

それらを捨象して、石綿含有建材を製造等した企業であれば、どの原告又は被相続人に対しても、いわば等価値にその損害を発生させる可能性があるということができない。従って、原告らの主張では、択一的競合関係にある共同行為者の範囲を画していないといわざるを得ない。

各原告又は各被告企業に着目するときは、ある原告について、共同行為者を特定することができるのではないかと思われる者もいる。原告によって、その職種、就労時期、就労態様等から、ある程度、使用した可能性のある建材、蓋然性のある建材を選別することができるはずであり、そうであれば、その建材を製造等した被告企業の間では、民法719条1項後段の共同不法行為の成立を考える余地も出てくる。

しかしながら、原告らは上記のような原告又は被相続人ごとの被告企業の限定をあえて行ってこなかったものである。

> **ポイント**
>
> 原告：被災者と遺族で75名
> 被告：国、建材メーカー44社
> （医学的知見の時期）石綿肺は昭和34年頃、肺がん・中皮腫は昭和47年頃
> （被告国の責任）
> ・建築基準法2条7号～9号の規制権限　責任無し
> ・石綿の製造等禁止　責任無し
> ・製品への石綿の有害性等の表示　責任無し
> ・定期的粉じん濃度測定　責任無し
> ・石綿吹付けの禁止　責任無し
> ・建築現場における警告表示　責任無し
> ・集じん機付電動工具の使用　責任無し
> ・プレカット工法　責任無し
> ・局所排気装置の使用　責任無し
> ・エアラインマスの使用　責任無し
> ・特別教育　責任無し
> ・毒物劇毒取締法の劇物の指定　責任無し
>
> 一人親方、零細事業主は保護の対象外
>
> （被告企業の責任）
> ・民法719条1項前段認めず
> ・民法719条1項後段認めず
> ・製造物責任法3条認めず

事例 33-2 神奈川建設アスベスト第一陣控訴審判決
（東京高裁平成29年10月27日判決、判例タイムズ1444号137頁）

　原告らは、主として神奈川県内において建設作業に従事した作業員またはその遺族ら75名であり、いずれも建設工事によって石綿粉じんを曝露して、石綿関連疾患（石綿肺、肺がん、中皮腫等）に罹患したと主張した。被告は被告国と石綿含有建材を製造販売していた被告企業44社である。

　被告国に対しては、石綿粉じんを曝露しないように、労働安全衛生法関係、建築基準法関係の規制権限を行使すべきであったのにそれを怠ったとして、国家賠償法1条1項に基づく責任を、被告企業らについては、民法719条の共同不法行為、製造物責任法3条により損害賠償請求訴訟を提起した。一審判決（横浜地裁平成24年5月25日）は、被告国、被告企業の責任をいずれも否定し、原告らの請求を棄却した。

第1　被告国の責任

1　昭和55年末における建設現場のリスクについての被告国の認識

　遅くとも石綿の製造・取扱いについての特別監督指導計画の目標期間が満了する昭和55年末頃までには、被告国においては、全国の建設作業現場において、少なくとも屋内作業に従事する建築労働者に石綿粉じん曝露により石綿関連疾患を発症させる広汎かつ重大なリスクが現に生じていること、さらに昭和50年改正特化則等による対応が必ずしも建築作業に妥当せず、あるいは実践されていないことを認識し、あるいは容易に認識し得たものというべきである。

　被告国において認識し得た昭和50年代半ば頃の建築作業現場及び建築作業における石綿粉じん曝露の危険性との関係で昭和50年改正後の規制内容をみるに、局所排気装置や湿潤化措置が建築作業現場や建築作業に必ずしも有効とはいえないことからすると、防じんマスク等の呼吸用保護具の使用が不可欠の石綿粉じん曝露対策とならざるを得ない。そこで、事業者に呼吸保護の備え付けを義務付ける規制によって、呼吸保護具の使用の確保に十分であったか否かについて検討する。

2　防じんマスクについての規制の強化の必要性

　被告国について、遅くとも昭和 56 年 1 月の時点で、昭和 50 年改正時の構想を見直し、少なくともその実効性を確保するために、特化則を改正するなどして、事業者に対して、屋根を有し周囲の半分以上が外壁に囲まれ屋内作業場と評価し得る建築作業現場の内部に置いて、石綿含有建材の取扱い作業及びその周囲での作業に従事させる労働者に呼吸用保護具を使用させることを罰則をもって義務付けるとともに、これを担保するために通達を定めて石綿粉じんの曝露の危険性及び防じんマスクの使用の必要性に関して、石綿含有粉じんについての表示内容及び石綿含有建材を取り扱う建築作業現場における掲示内容並びに安全教育の内容を改めなかった規制・監督権限の不行使は、許容される限度を逸脱して著しく合理性を欠くものであったと認められる。

3　被告国の違反の期間

　被告国は、昭和 61 年通達、63 年通達を発出し、事業者に対して、湿潤化措置に加えて、石綿等の取扱い作業者の防じんマスクを使用、特定化学物質等作業主任者の養成を求め、改修・解体工事について石綿除去作業に関するマニュアルの活用を求め、建築工事における石綿含有建材の加工やボイラー等の工事における石綿含有建材等の除去についても防じんマスクの使用を求めた。被告国は、平成 4 年通達により、石綿含有建材の電動工具を用いた切断等の作業について、除塵装置付の電動丸鋸の使用、防じんマスクの着用、作業終了後の清掃などの対策を挙げ、安衛法 57 条に基づく表示や、石綿含有建材を識別できることの周知、特別教育に準じた教育としての施工業務従事者に対する労働衛生教育の推進を指示した。被告国は、平成 7 年には、安衛令、安衛則、特化則を改正し、同年 4 月 1 日からそれぞれ施行したが、これにより、①アモサイト、クラシドライト及びこれらを 1 ％を超えて含有する物の製造等の禁止、②安衛則及び特化則の規制対象となる石綿含有物の範囲を、重量 5 ％を超えるものから 1 ％を超えるものへの拡大、③吹付け石綿等の除去作業を行う場合の作業計画の届出義務、④石綿等の切断等の作業に労働者を従事させる場合の呼吸用保護具、作業衣等を使用させる義務、⑤解体工事における石綿等の使用状況の事

前調査等の義務、⑥吹付け石綿等の除去作業を行う作業場所の隔離等の義務が課されるに至った。

昭和56年1月1日以降の被告国の安衛法上の規制・監督権限不行使の違法は、平成7年4月1日以降に解消されたというべきである。

4 石綿の使用禁止について

平成7年当時において、国際的にみても、クリソタイルについては管理使用が可能であるとの考え方が、なお支配的であり、国内的にも、石綿含有建材の無石綿化や低減化に一定の進展がみられたものの石綿含有建材が高水準で使用されており、石綿の代替品については、価格のみならず品質面での課題が残されており、石綿代替繊維の安全性についても、未だ医学的知見が確立されておらず、さらに石綿の全面的使用禁止に向けた社会的コンセンサスも形成されていなかった。これらの事情を勘案すると、平成7年時点で、クロシドライト及びアモサイトのみならずクリソタイルを含有する建材についても製造等を禁止する措置を取らなかったことが許容される限度を逸脱して著しく合理性を欠くと認めることはできない。

第2 被告企業の責任

1 警告義務違反

被告企業らは、昭和50年の安衛令等の改正により石綿等が安衛法57条に基づく警告表示義務の対象となる等、石綿の発がん性に着目した規制がなされ、関係する安衛令及び安衛則の規定は同年4月1日に施行されたことに鑑みると、石綿含有建材を製造・販売する者は、同日以降、製品に内在する危険を予見し、その安全性を確保するために必要な警告を行うことが可能であったというべきである。そして、被告企業らは、使用者が石綿含有建材を適切に使用してその危険を回避することができるよう、製品に必要かつ適切な警告を行う注意義務があったが、被告企業らはそれを怠った。

2 共同不法行為・民法 719 条 1 項前段の責任

　被告企業ら 44 社の製造・販売した石綿含有建材の製造・販売時期、流通経路、出荷量、被災者らの作業内容、建材の飛散性、取扱い方法に鑑みると、被災者ごとに石綿粉じん曝露の原因となった建材及びこれを製造・販売した企業は異なり得るのであって、それにもかかわらず、全社一律に、全ての被災者との関係で共同不法行為者として責任があるとすることはできない。

3 共同不法行為・民法 719 条 1 項後段の責任

　民法 719 条 1 項後段が適用されるというためには、各人の行為が、経験則上、それに身で生じた損害との間の因果関係を推定し得る程度に具体的な危険を惹起させる行為であることを主張・立証することが必要である。しかるところ、被告企業らの製造・販売した建材が出荷されても、被災者が作業した建築作業現場に到達しなければ、当該被災者との関係で被告企業らの行為が具体的な損害発生の危険性を惹起したとはいえず、44 社全てがその製造販売した建材を、全ての原告の被災者との関係で、同人らが作業した建築作業現場に到達させたことを認めるに足りる証拠はないから、民法 719 条 1 項後段を適用することはできない。

4 民法 719 条 1 項後段の類推適用

　他の的確な証拠によることができない場合に、原告らが主要曝露建材として特定した建材が、各被災者の職種、作業内容、作業歴、建材の製造期間などからみて、現場において通常使用する建材であることの裏付けがあり、主要曝露建材を製造・販売した企業のマーケットシェアに一応の根拠があると認められ、被災者が作業をした現場数が多数である場合には、これらに基づく確率計算に依拠して、建材の到達とその頻度を推定することも、流通経路の偏り等によって、現実の到達と確率計算に乖離を生じさせる具体的事情がない限り、合理性があるというべきであると述べ、その上で、マーケットシェアに基づく到達確率の判定をする。

その上で、石綿関連疾患のうちの中皮腫については、「石綿粉じんとの間に量・反応関係の存在は否定できないものの、少量曝露によっても発症し得るとされていること」から、主要曝露建材を製造・販売した企業らの集団的寄与度を定め、それに応じた割合的責任の範囲内で、民法719条1項後段を適用して、連帯責任を負担させるのが相当である。

　そして、a「左官を主たる業務とする原告ら4名」、b「専ら保温材を主要曝露建材とする原告ら3名」、c「配管工を主たる職種とする原告ら11名」、d「大工を主たる職種とする原告ら37名」、e「塗装を主たる業務とする原告ら4名」について個別に詳細な検討をして、d「大工・・・」につき、中皮腫を発症していた4名につき、警告義務違反とされた昭和50年から平成4年までの17年間の間に、マーケティングシェアを考慮した被告企業3社らの製品による石綿曝露を受けたものと推認した。長年にわたり、大工の一般的な作業を行ってきた原告らについて、昭和50年4月から平成4年までの間の主要曝露建材の取扱い作業による曝露量は、間接曝露を含めた曝露量の3分の1程度に止まり、それ以外の曝露原因による曝露量が大きいといわざるを得ない。そうすると、損害の衡平な分担という観点から、主要曝露建材を製造販売した3社については、主要曝露建材を製造・販売した企業の集団的寄与度である3分の1の範囲内で民法719条1項後段を適用し、原告ら4名それぞれの損害額の3分の1について連帯責任を負うこととするのが相当である。

ポイント

原告：被災者及び遺族75名
被告：国、建材メーカー44社
(医学的知見時期)
　石綿肺は昭和33年3月頃
　肺がん、中皮腫は昭和47年頃
(被告国の責任)
・昭和56年1月から、特化則を改正するなどして呼吸用保護具の罰則を以て義務付けるべき。（平成7年3月31日まで）
・石綿の使用禁止・責任無し
・建築基準法法令の権限不行使・責任無し
　一人親方・零細企業について責任無し
(被告企業の責任)
・昭和50年の安衛法令等の改正により、石綿製品の警告表示違反の責任あり
・民法719条1項前段適用無し
・民法719条1項後段適用無し
・民法719条1項後段の類推適用を認め、被災者4名、被告企業3社につき責任あり
(賠償額)
・慰謝料額
①石綿肺（管理区分2、合併症あり）は1,300万円
②石綿肺（管理区分3、合併症あり）は1,800万円
③石綿肺（管理区分4）、肺がん、中皮腫、びまん性胸膜肥厚は2,200万円
④石綿関連疾患で死亡した場合2,500万円
・国の責任は、被災者に生じた損害の3分の1とする
・原告4名につき、被告企業3社は3分の1の範囲内での連帯責任
・喫煙についての過失相殺：
慰謝料額の1割を減額した

事例 34　神奈川建設アスベスト第二陣第 1 審事件
（横浜地裁平成 29 年 10 月 24 日判決、判例集未登載・ウエストロー・ジャパン）

　本件は、建築物の新築、改修、解体作業等に従事した作業従事者又はその相続人である原告ら 45 名（被災者ベース）が、その現場で使用された石綿含有建材から発生した石綿粉じんに曝露したことによって石綿関連疾患（石綿肺、肺がん、中皮腫、びまん性胸膜肥厚、良性石綿胸水等）に罹患したとして被告国と被告建材メーカー企業 49 社を訴えた事件である。

　被告国に対しては、石綿含有建材についての規制権限を有していたとして、規制権限を行使しなかったことをもって、国家賠償法 1 条 1 項の責任を求め、被告企業に対しては、石綿含有建材をを製造販売していたことが石綿曝露の原因であったとして民法 719 条 1 項前段または後段の共同不法行為の規定により、または製造物責任法 3 条による石綿含有建材を製造販売していた企業に対しては損害賠償責任を追及した。

第 1　被告国の責任

1　医学的な知見時期

（1）石綿肺の医学的知見

　労働省による昭和 31 年度、32 年度の労働衛生試験研究が実施され、昭和 32 年度の研究成果が労働省に報告された昭和 33 年 3 月 31 日頃、我が国における石綿粉じん曝露と石綿肺発症の因果関係に関する医学的知見が確立し、被告国は当該知見を認識したと認めるのが相当である。

（2）肺がん、中皮腫等の医学的な知見

　ＵＩＣＣ（国際対がん連合）報告と勧告が公表された昭和 40 年当時には、未だ、石綿粉じん曝露ないし石綿肺と、肺がんないし中皮腫との間の因果関係に関する医学的知見が確立していたとはいえない。ＩＡＲＣ（国際がん研究機関）報告と勧告が言及した解明すべき点について諸外国の調査研究が紹介され、昭和 47 年度環境庁研究報告において、昭和 47 年頃、石綿粉じん曝露と肺がんな

いし中皮腫の発症との関連性に関する医学的知見が確立し、被告国は、同年頃、当該知見を認識したといえる。また、石綿粉じん曝露とびまん性胸膜肥厚及び良性石綿胸水の発症との間の因果関係に関する医学的知見についても昭和47年頃確立したものと認められる。

2　石綿含有建材の製造等の禁止について

　諸外国の動向をみると、ドイツは、平成5年11月には石綿そのものや石綿を含有する製品の製造及び使用を原則として禁止するなどしたが、このような早期に石綿を全面的に禁止する措置を取った主要先進国はドイツのみである。我が国が、平成15年に石綿含有量が重量の1％を超える石綿含有建材の製造を禁止し、平成18年に石綿含有量が重量の0.1％を超える石綿含有建材の製造を禁止するという措置を取ったことが諸外国と比較して特に大きく後れを取ったものとまでいうことはできない。被告国が、平成15年ないし平成18年以前に、罰則を伴う形式で石綿含有建材の製造等を全面的に取らなかったことをもって、被告国の権限の不行使が、許容される限度を逸脱して著しく合理性を欠くとまでは認めるに足りない。

3　防じんマスク着用についての規制

　建設現場の実情に照らすと、建築作業従事者にとって、石綿粉じんの曝露を回避するためには、呼吸用保護具の着用が、ほぼ唯一の有効な手段であったと考えられるにもかかわらず、呼吸用保護具の着用状況やそのような状況が生じた理由等からすると、呼吸用保護具の義務付けがない限り、労働者が自主的に呼吸保護具を着用することや、事業者が自らの判断で労働者に対して呼吸用保護具の着用を命じることは、期待しがたい状況であったといえる。

　以上によれば、安衛法27条1項、22条1号の委任に基づく省令改正等の規制権限の行使に必要な期間を考慮しても、遅くとも昭和51年1月1日までの間に、付与された規制権限を適切に行使して、事業者に対して罰則を伴う形式で、呼吸用保護具の備え付けを義務付けるという規定を、労働者への保護具の使用を義務付けるという規定に改める等の方法をとるべきであった。

第2　被告企業の責任

1　警告義務違反

　被告企業らは、危険性を有する石綿を含有する建材を製造・販売する以上、同製造・販売に際し、同建材を使用する者との関係に置いて、その危険の重大性・石綿関連疾患の重篤性に鑑み、昭和47年頃から約2年間の調査期間、及び、同調査の結果に基づき注意事項の具体的内容を変更することに伴う建材の外装、包装等の作成に必要な期間を考慮しても、遅くとも昭和51年1月1日以降、各建材を製造・販売するに当たり、同建材の使用者が同建材に含有される石綿に起因する粉じんに曝露し、石綿関連疾患に罹患することを防止するために、同建材の外装・包装等に①含有する石綿に起因する粉じんの曝露により、石綿肺、肺がん、中皮腫等の生命に危険を及ぼしかねない重篤な石綿関連疾患に罹患する危険がある旨、②当該危険を防止するため、当該建材の取扱いに際しては呼吸用保護具の着用が必要である旨を明示して、これらを警告すべき義務を負っていたというべきである。
　にもかかわらず、被告企業らはそれらを怠っており、被告企業等は係る警告する義務を怠っていたのであり、不法行為上の過失があるといえる。

2　民法719条1項の共同不法行為

（1）719条1項前段の適用
　被告企業等が、石綿含有建材を製造・販売するに当たり、製造・販売の促進との観点から意思の連絡を有していた等の事情を認めることはできず、被告企業らが、石綿含有建材の製造・販売に当たり、共同して警告義務に違反したと評価することはできない。

（2）719条1項後段の適用
　1項後段が、因果関係がない者にも全損害の賠償責任を負わせるものである以上、「共同行為者」というためには、少なくとも各行為者の行為が単独であれば因果関係が事実上推定される程度に結果発生の危険性を有する行為であるこ

とを要すると解するべきである。本件において被告企業らは、単独で本件元建築作業従事者の石綿関連疾患への罹患という結果を発生させる危険性がある行為をしたとは認められないから、この適用は認められない。

（3）719条1項後段の類推適用

　当該行為者の石綿含有建材を製造・販売する行為が、当該結果を発生させる石綿粉じんへの曝露の蓄積に寄与したことが認められる場合には、当該寄与度の程度が不明であっても、被害者の立証の困難を軽減し、被害者を救済するという観点から、民法719条1項後段を類推適用し、当該行為者に損害賠償責任を認めるのが相当である。また、当該行為が他者の行為と相俟って、石綿粉じんへの曝露の蓄積を招来し、当該結果を発生させるものであることからすると、当該行為者が、自らの行為が他者の行為と相俟って、石綿粉じんの曝露の蓄積を招来し、結果を発生させる可能性があることについて認識し又は認識可能であることが、当該行為の違法性の要件として、必要であると解するべきである。

3　民法719条1項後段の類推適用

　被害者とされる個々の元建設作業従事者の事情（石綿粉じん曝露作業への従事期間、当該作業の内容、使用する石綿含有建材の種類の多寡等）、行為者とされた被告企業らが製造・販売した石綿含有製品の性質（現有する石綿の種類、石綿含有率、含有石綿の飛散性の有無・程度等）、当該行為の本件元建築作業従事者らに対する影響力（同種の建材の存否、販売地域、販売量、販売期間、商流が限定されているか否かなど）等の個別的具体的な事情に基づいて当該行為の違法性の程度を判断し、これに応じた責任を負うとするのが相当である。
　（以上の判断により、結果的には、被告2社（Y1社とY2社）の一部の責任が認められた。）
　左官工については、原告3名についてY1社の責任が認められた。Y1社の製造・販売していたテーリングは昭和31年頃から平成4年頃までの間、混和剤において90％のシェアを有していた。その3名につき、Y1社の負う責任はX1については50％、X2については70％、X3については80％（さらにX3に

ついては喫煙歴を有しておりさらに90％を乗じる）とされている。

　タイル工については、原告5名についてＹ1社の責任が認められた。Ｙ1社の製造販売したテーリングは昭和51年1月1日から平成4年までの間、混和剤の市場をほぼ独占していた。その5名につき、Ｙ1社の負う責任は、Ｘ4、Ｘ5、Ｘ6はそれぞれ90％（但し、Ｘ6は喫煙歴を有しておりさらに90％を乗じる）、Ｘ7は70％、Ｘ8は70％とされている。

　保温工については、原告2名について、Ｙ2社は責任を負うとされた。Ｙ2社の負う責任は、Ｘ9、Ｘ10につき、それぞれ50％とされている。

　その他、塗装工、電工、配管工、大工、鉄骨工、エレベーター工、空調設備工、解体工、クロス工、ハウスクリーニング工、工事管理・現場監督とそれぞれの職種毎に、各被告企業の製造・販売した石綿含有建材に起因する石綿粉じんが、原告らの罹患した石綿関連疾患への罹患に影響を及ぼしたか否かを、検討しているが、影響したものとしては認められず、被告企業の責任は認められなかった。

ポイント

原告：被災者と遺族ら（被災者45名）
被告：49社
（医学的知見時期）
　・石綿肺は昭和33年3月31日
　・肺がん、中皮腫は昭和47年頃
（被告国の責任）
　・防じんマスクの着用について
　　遅くとも昭和51年1月1日までに罰則を以て、呼吸用保護具の「備付け」を労働者への保護具の使用を義務付ける方へと規制するべきであった
　　平成7年3月31日までは違法
　・石綿建材の製造禁止については責任無し
　・一人親方・零細事業主につき、責任無し
（被告企業の責任）
　・警告義務違反
　　遅くとも、昭和51年1月1日以降、建材の外装・包装等に警告すべき義務あり

- 民法719条1項前段適用無し
- 民法719条1項後段適用無し
- 民法719条1項後段の類推適用あり
  原告10名（左官工3名、タイル工5名、保温工2名）に対する被告2社の責任が認められた

（賠償金額）
　基準額
　　①良性石綿胸水は1,200万円
　　②石綿肺管理区分2、合併症ありは1,800万円
　　③石綿管理区分3、合併症ありは2,100万円
　　④肺がん、中皮腫、びまん性胸膜肥厚は2,400万円
　　⑤石綿関連疾患で死亡した場合は2,700万円と判断された
　・国の賠償金額は、前記の慰謝料額の3分の1とするのが相当
　・過失相殺：肺がん患者は喫煙歴を考慮

事例 35-1 大阪建設アスベスト第一陣第1審事件
（大阪地裁平成28年1月22日判決、判例タイムズ1426号49頁）

　建築現場（屋内作業場）において建築物の新築、改修、解体作業等に従事した作業員が建築作業に従事する際に、石綿含有建材から発生した石綿粉じんに曝露し、石綿関連疾患（石綿肺、肺がん、中皮腫、びまん性胸膜肥厚）に罹患したとして、被災者19名ら及びその相続人らが、被告国に対して国家賠償法1条1項の責任を、建材メーカー27社に対して民法719条の共同不法行為、または、平成7年7月1日以降に石綿建材を製造販売していた企業には製造物責任法3条に基づいて責任を求めた事案である。

第1　被告国の責任

1　防じんマスクの使用の規制

　建築現場における石綿粉じん防止対策としては、防じんマスクの使用が一次的かつ有効な方策であるといえるところ、建築現場における防じんマスクの着用率は低く、労働者の多くが石綿の有害性を十分理解しておらず、防じんマスクの着用が必要であることを認識していないことから、事業者に対して労働者に防じんマスクを使用させるべき義務を明示的に規定すべきであったと認められる。

　被告国は、昭和50年10月1日の特化則改正時以降、規制権限を行使して、事業者に対し、石綿及び石綿含有製品を製造し又は取り扱う作業場において、労働者に防じんマスクを使用させることを罰則を以て義務付けるとともに、石綿含有率による限定をすることなく、石綿含有建材への警告表示や建築現場における警告表示（作業現場掲示）の内容に関し、「人体に及ぼす作用」（安衛法57条3号）として、石綿により肺がんや中皮腫等の重篤な疾患が生じること等、石綿により引き起こされる石綿関連疾患の具体的な内容及びその症状等を記載し、また、「取扱上の注意（同条4号）」として、石綿粉じん曝露作業に従事する際には必ず防じんマスクを着用する必要がある旨の記載をするように義務付けるべきであったのであり、このような規制権限が適切に行使されていれば、

それ以降、建築現場において石綿粉じんに曝露することにより石綿関連疾患を発生することを相当程度防止することができたといえる。

　よって、被告国（労働大臣等）が、昭和50年10月1日以降、事業者に対し、前記規制権限を行使しなかったことは、安衛法の趣旨、目的やその権限の性質等に照らし、著しく合理性を欠き、国賠法1条1項の適用上違法であるといわざるを得ない。

2　石綿の有害性の警告の表示に関する規制

　被告国としては、労働者による防じんマスクの着用についての実効性を図るべく、安衛法57条による警告表示の内容のうち、「人体に及ぼす作用」（同条3号）として、石綿により肺がんや中皮腫等の重篤な疾患が生じる等、石綿により引き起こされる石綿関連疾患の具体的な内容及びその症状等を記載し、また、「取扱い上の注意」（同条4号）として、石綿粉じん曝露作業に従事する際には必ず防じんマスクを着用する旨の記載をするように義務付けるべきであったといえる。

　被告国（労働大臣等）は、安衛法57条に基づき、昭和50年10月1日以降、石綿含有率にかかわらずすべての石綿含有製品について警告表示の対象にし、「人体に及ぼす作用」（同条3号）、「取扱上の注意」（同条4号）として、防じんマスクを着用する必要がある旨の記載をするよう義務付けるべきであったにもかかわらず、これを怠ったことは、著しく合理性を欠くといわざるを得ない。

3　石綿の製造等の禁止に関する規制

　被告国が、クロシドライトとアモサイトの製造等を禁止した平成7年時点において、クリソタイルについても製造等を禁止する規制権限を行使しなかったことは、著しく合理性を欠き、国賠法1条1項の適用上違法というべきであるが、それ以前に石綿等の製造等に関する規制権限の行使につき違法があると認めることはできない。

4 労働者性――一人親方に対する責任について

　安衛法は、職場における労働者の安全と健康確保等を目的として、事業者に対し、粉じん等による危害を防止するために必要な措置を講じる義務（同法22条）、労働者を就労させる建設物その他の作業場について、換気その他労働者の健康及び生命の保持のための必要な措置を講じる義務（同法23条）を定め、これらの規定によって事業者が講ずべき具体的措置、基準等を労働省令に委任し（同法27条1項）、また、労働者に重度の健康障害を生じるおそれのある物等についての製造、輸入、譲渡、提供又は使用を禁止し、容器等への警告表示を定め、各規制対象物の指定を政令に委任している（同法55条、57条）。そして、ここでいう事業者とは、事業を行う者で労働者を使用するものをいい（同法2条3号）、労働者とは、職種の種類を問わず、事業又は事業所に使用される者で、賃金を支払われる者を意味する（同法2条2号、労基法9条）から労働大臣等が有する省令制定権限は、前記の意味の労働者のために行使されるものと解される。

　よって、労働者以外の建築作業従事者との関係においては、被告国による①安衛法22条、23条、27条1項に基づく防じんマスクの使用義務付けに関する規制権限の不行使、②前記各条項に基づく建築現場における警告表示の義務付けに関する規制権限の不行使、③安衛法57条に基づく建材メーカーに対する警告表示の義務付けに関する規制権限の不行使、④安衛法55条に基づく石綿の製造等の禁止に関する規制権限の不行使が、国賠法1条1項の適用上違法となることはない。

第2　被告企業の責任

1 民法719条1項前段の共同不法行為の成否について

　民法719条1項前段は、数人が共同の不法行為によって他人に損害を加えたときは、各自が連帯してその損害を賠償する責任を負う旨規定している。

　同項前段は、複数の者が関与して加害行為がなされる場合には、一般的には加害者側には何らかの関係性があるのに対し、被害者側において、加害者の関係、各行為者それぞれの行為内容と結果との関係等を把握することは容易ではない

から、被害者保護の観点により、各行為者の行為内容（加害行為）、各行為の関連性及び関連共同した行為と結果との因果関係を主張、立証することによって、個々の行為者と結果との間の個別的因果関係や各行為の寄与度についての主張、立証しなくとも、共同行為者の各自に対し、共同不法行為と相当因果関係のある全損害について賠償を求めることができることとしたものと解される。

　そして、同項前段の不法行為が成立するための要件である行為の関連共同性については、各自の行為の間に客観的関連共同性、すなわち、損害の発生に対して社会通念上全体として一個の行為と認められる程度の一体性が必要であり、これで足りるというべきである。ただし、民法719条1項前段の共同不法行為が成立した場合には、共同不法行為者各自が個別的因果関係の一部又は全部の不存在を主張、立証することによる減免責を許さないのであるから、共同行為者各自にそのような責任を負わせるのが妥当であると認められる程度に、共同行為者間に緊密な一体性（いわゆる「強い関連共同性」）が必要である。

　被災者ごとに特定された、病気発症の危険性が相当程度ある建材の製造販売企業間には、加害行為の一体性を認めるに足りる事情も認められないことから、X1らの民法719条1項前段に基づく共同不法行為に関する主位的主張は採用することができない。

2　民法719条1項後段に基づく共同不法行為の成否について

　この規定は、特定の複数行為者につき、それぞれ因果関係以外の点では独立の不法行為要件が具備されている場合において、被害者に生じた損害がいずれかの共同行為者の加害行為によって発生したことが明らかとなったにもかかわらず、他の同様の加害行為が存在するとされた途端に、一方の加害行為と損害との間に因果関係の存在することの立証が困難となり、そのために被害の回復が図れないとした場合には、明らかに被害者保護にかけることになることから、被害者を救済するため、いずれかの加害行為について前示の要件が充足されている限り、各複数の行為者による加害行為と損害との間に因果関係が存在することを法律上推定することにしたのが同規定の趣旨というべきである。これに対して共同行為者は、自己の行為と被害者側に発生した損害との間に因果関係が存在しないこと、又は、自己の行為の損害発生に対する寄与の程度を主張立

証することによって、責任の免除又は減責が認められると解するのが相当である。

　Ｘ１らが、アスベスト建材メーカーが網羅されている旨の主張する国交省データベースは、建設事業者、解体事業者及び住宅・建築物所有者等が、解体工事等に際し、使用されている建材の石綿含有状況に関する情報を簡便に把握できるようにすることを目的として、建材メーカーが過去に製造した石綿含有建材に関する情報を提供するものである。Ｘ１らが本件において被告としていない石綿含有建材の製造販売企業は国交省データベースに登録されているだけでも40社以上あり、また、このデータベースは、廃業した建材メーカーについては把握できないとしているのであるから、これを踏まえると、被告企業ら以外にも、本件被災者らの石綿関連疾患の原因となった石綿含有建材を製造販売等した可能性のある企業が存在すると考えられる。

　本件の場合には、Ｘ１ら側において、少なくとも各被災者が建築作業に従事した建築現場において、実際に使用され、かつ、当該被災者が当該建材に起因する石綿粉じんに曝露する可能性があった石綿含有建材を製造販売した企業を共同行為者として特定する必要があるというべきである。

　以上より、被告企業の責任は認められない。

ポイント

原告：被災者19名
被告：国、建材メーカー27社
（医学的知見の時期）
　石綿肺は昭和33年3月31日頃
　中皮腫・びまん性胸膜肥厚は昭和47年頃
（被告国の責任）
・防じんマスクの使用の規制
　　昭和50年10月1日以降責任あり
・石綿の有害性の警告の表示
　　防じんマスク着用の実効性を図るため、昭和50年10月1日以降責任あり
・石綿製造の禁止に関する規制
　　平成7年時点で、クリソタイルについて製造等を禁止する規制権限を行使しなかったことは違法

・一人親方・零細事業主の責任無し
（被告企業の責任）
・民法719条1項前段適用無し
・民法719条1項後段適用無し
（賠償額）
①石綿肺管理区分2、合併症あり　1,200万円
②肺がん、中皮腫、びまん性胸膜肥厚　2,400万円
③中皮腫により死亡　2,700万円
・国の賠償金額は3分の1

事例 35-2 **大阪建設アスベスト第一陣控訴審事件**
（大阪高裁平成 30 年 9 月 20 日判決、判例集未登載・ウェストロー・ジャパン）

　建築現場（屋内作業場）において建築物の新築、改修、解体作業等に従事した作業員らが建築作業に従事する際に、石綿含有建材から発生した石綿粉じんに曝露し、石綿関連疾患（石綿肺、肺がん、中皮腫、びまん性胸膜肥厚）に罹患したとして、被災者 19 名ら及びその相続人らが、被告国に対して国家賠償法 1 条 1 項の責任を、建材メーカー 27 社に対して民法 719 条の共同不法行為、または、平成 7 年 7 月 1 日以降に石綿建材を製造販売していた企業には製造物責任法 3 条に基づいて責任を求めた事案である。

第 1　被告国の責任

1　医学的知見の時期

　石綿肺については昭和 33 年 3 月 31 日頃に、肺がん、中皮腫及びびまん性胸膜肥厚については、昭和 47 年頃に石綿粉じん曝露により発症するとの医学的知見が確立したものと判断する。

　びまん性胸膜肥厚については、石綿肺に胸膜肥厚を伴うことは早くから知られていたが、びまん性胸膜肥厚が独立した疾病概念となったのは諸外国でも昭和 45 年以降であり、我が国において労災認定の対象となったのは平成 15 年のことであることからすれば、石綿粉じん曝露とびまん性胸膜肥厚発症との間の因果関係に関する医学的知見についても、石綿粉じん曝露によって肺がん及び中皮腫を発症するとの医学的知見が確立した昭和 47 年頃に確立したと認めるのが相当である。なお、昭和 47 年度環境庁公害研究委託費によるアスベストの生体影響に関する研究報告の報告書でも、胸膜肥厚が石綿吸入から引き起こされることに言及している。

2 被告国の労働関係法令（旧労基法、安衛法）に基づく規制権限不行使の違法性の有無

　建築作業従事者には、昭和40年代以降、石綿粉じん曝露による石綿関連疾患罹患の危険性が高まっており、被告国は、遅くとも昭和50年時点において、少なくとも建築現場における屋内作業場での石綿含有建材の切断、穿孔、研磨、破砕、解体、混合又は粉状の石綿等を容器から出し入れする作業及び屋内外における石綿吹付け作業（石綿粉じん曝露作業）に従事することにより、建築作業従事者が石綿粉じんに曝露し、石綿関連疾患に罹患する危険性を具体的に認識することができた、すなわち、昭和50年時点において、上記危険性についての予見可能性があったものと判断する。

　昭和50年改正特化則は、化学物質等の発がん性を意識したものであり、人体に対する発がん性が疫学調査の結果明らかとなった物、動物実験の結果発がん性が認められたことが学会で報告されたものとして、石綿を特別管理物質と定めた。

　昭和50年には、石綿の発がん性は既に明らかになっており、それに伴い石綿工場以外にも石綿防止対策は広がった。

　以上によれば、遅くとも昭和50年には、被告国は建築作業従事者の石綿関連疾患罹患の危険性は予見することができたということができる。

3 「管理使用」を前提とする被告国の規制権限不行使の違法性の有無

　防じんマスクの着用、建築現場における警告表示（作業現場掲示）、石綿含有建材への警告表示の各義務付けについては、被告国の規制権限の不行使は違法である。その違法の時期については昭和50年10月1日から平成18年9月1日までであるとすべきと判断する。

4 石綿含有建材の製造等の禁止に係る被告国の規制権限不行使の違法性の有無

　平成3年末には、石綿含有建材の製造等を禁止する規制権限を行使しなかったことは著しく合理性を欠き、国賠法1条1項の適用上違法であると判断する。

まず、石綿の危険性についてみるに、昭和47年頃には、石綿粉じん曝露が肺がん、中皮腫を生じさせるという医学的知見が確立し、昭和50年改正特化則、改正安衛令では、石綿は特別管理物質に定められた。昭和50年改正特化則では、事業者に対して、石綿の代替化の努力義務が課され、昭和51年通達では、石綿は可能な限り、有害性の少ない他の物質に代替させるとともに、現在までに石綿を使用していない部門での石綿又は石綿製品（粉じん防止処理したものであっても、使用中又はその後において発じんすることの明らかなものを含む。）の導入は、避けるように指導すること、特に青石綿については、他の石綿に比較して有害性が著しく高いことからその製品を含め優先的に代替措置をとるよう指導することを求めていた。このことからすれば、昭和50年又は51年の時点、被告国は、労働者の健康障害防止のため石綿使用の削減が必要であると考えていたといえる。

　石綿の発がん性、危険は、平成3年ともなれば確固たるものとなり、クリソタイルを使用するにしても、十分な管理下での使用が必要とされていた。クロシドライトは事実上使用が中止されており、アモサイトの使用は限られていた。

　海外の状況をみても、平成3年時点では、石綿の使用を禁じた国はごくわずかである。平成元年にスイスが、平成2年にオーストリアが、平成3年にオランダが石綿の全面禁止に至った程度である。しかし、他の国において管理使用のための条件がどの程度整えられていたかをみずに、日本と単純に比較するのでは不合理である。労働省は、石綿吹付けについては、ＩＬＯが提案するよりもかなり早くこれを原則的に禁止した。

　以上によれば、平成3年末には、日本においてクリソタイルにつき曝露の規制値を設定して管理使用を継続し、少なくとも石綿含有建材について製造等を禁止する規制権限を行使しなかったことは、許容される限度を逸脱して著しく合理性を欠くといわざるを得ない。それ以前の段階については、規制権限の行使につき違法があると認めることはできない。

5　一人親方の保護

　Ｘ1らは、旧労基法及び安衛法の主たる目的が「労働者」の保護にあることは認めた上で、一人親方等に旧労基法及び安衛法の適用を求める（一人親方等

を労働者として扱うよう求める）ものではなく、生命健康という最高の保護法益の侵害に対する国家賠償請求であるから、法令の規定の文言や直接の目的のみならず、業務の実態や災害状況も踏まえて、被告国が負うべき損害賠償義務の範囲を画するべきであると主張する。安衛法55条、57条の規定は、作業者に健康障害を生じさせるような物質が作業現場に持ち込まれないよう、持ち込まれた場合においてもその有害性を直ちに認識できるよう配慮した規定であり、その効果は、作業者が労働者と評価される者であるかどうかに関わらない。

　このような安衛法55条、57条の性格や本件の労働者性を満たさない又は満たさない時期がある被災者の実態をみるならば、これらの規定も直接には労働者のみを保護の対象とするものであり、保護の対象を一律に労働者以外に広げることはできないにしても、労働者に対する規制権限の不行使があった場合の国家賠償の保護範囲としては、上記被災者又は労働者でない時期にも及ぼすのが相当である。よって、安衛法55条、57条に関しては、X1らの主張には理由がある。

6　建築基準法に基づく規制権限不行使の違法性の有無

（1）建築基準法2条7号〜9号までに基づく権限の不行使

　石綿建材等を指定した告示・政令から石綿建材を削除しなかったこと、石綿建材を一般的又は個別的に指定・認定したこと、指定・認定に当たり条件を付さなかったことにつき、建築基準法の規定が建築作業従事者の健康等の保護まで目的としているか否かは別にして、建築基準法2条の規定では、指定・認定に当たって条件を付すことは予定されておらず、指定・認定に当たり条件を付さなかったことが規制権限不行使の違法と評価される余地はない。

（2）建築基準法90条に基づく権限の不行使

　違法とは認められない。

7 被告国の責任の範囲

(1) 慰謝料の基準額

慰謝料の基準額は、①じん肺管理区分2で合併症がある場合は1,500万円、②肺がん、中皮腫、びまん性胸膜肥厚の場合は2,400万円、③石綿肺（じん肺管理区分4）、肺がん、中皮腫による死亡の場合は2,700万円とする。また、じん肺管理区分2相当であっても、石綿肺が死亡との因果関係があるときは基準額は2,700万円とするのが相当である。

(2) 被告国の責任の補充性

また、被告国の責任は、二次的、補充的なものであり、被告国の負うべき賠償責任の範囲は、被告国が賠償責任を負うべき被災者に生じた損害の2分の1とするのが相当である。

8 賠償額の修正要素

被告国の責任期間内の石綿粉じん曝露期間が短期間の被災者については、原判決と同様に、①石綿肺に罹患した者で、国の責任曝露期間が10年未満の者、②肺がんに罹患した者で、国の責任曝露期間が10年未満の者、③中皮腫に罹患した者で、国の責任曝露期間が1年未満の者、④びまん性胸膜肥厚に罹患した者で、国の責任曝露期間が3年未満の者、これらの者に限り、慰謝料額を基準から10％減額するのが相当であると判断する。

第2 被告企業らの責任

1 被告企業らの責任

(1) 被告企業の警告表示義務違反

石綿含有建材を製造、販売する企業は、石綿含有建材についてその切断・穿孔時の石綿粉じんによって・・・、生命、身体に対する重大な危険性が及ぶと予見可能になったときは、これを購入し、又は使用する者に対し、製品の危険性等について警告を表示する義務を負うと解すべきである。この警告表示義務

は、製品を製造し、又は販売する者に製品の製造販売に当然付随する私法上の義務であるといえるから、公的な規制には関わらない。被告国によって義務の履行を求められるまでは履行しなくともよいということはできない。また、義務の履行についても、公的な規制の内容とは必ずしも一致するものではない。法的な規制の内容は守ったというだけで、常に私法上の義務を尽くしたと評価できるものではない。

被告企業らは、石綿含有建材の建築作業従事者に対する石綿関連疾患発症の危険性について、昭和50年には予見可能であった。従って、この時点で、被告企業らは、その危険性について警告を表示すべき注意義務を負っていた。

建築作業従事者が石綿含有建材使用によって石綿関連疾患に罹患することを防ぐためには、建築作業従事者が石綿粉じんに曝露することを避けさせる必要がある。そのためには、建築作業従事者に対し、取り扱う石綿含有建材が石綿関連疾患を発症させるという危険性を知らせ、その予防策を具体的に認識させることが必要である。従って、警告表示の内容としては、石綿を含有するときはその旨及び量、石綿の危険性（石綿粉じん曝露により石綿肺、肺がん、中皮腫など生命に危険をもたらす重篤な疾患を発症する危険があること）並びに危険性を防ぐための対策（石綿粉じんに曝露しないために防じんマスクを着用すること、集じん機付き工具を使用することなど）を明確かつ具体的に表示すべきである。

以上、石綿含有建材を製造販売する企業にとって、警告表示義務は、建築物の新築工事に関与する全ての建築作業従事者に対して負担するというべきである。

本件の警告表示義務は、もともと製品を販売製造する際の付随義務として生じているものである。購入者に対し、危険性が正しく伝達される限り、建物完成後の改修・解体時における危険性の伝達は、購入者以降の者に託されているとみるのが相当である。従って、石綿含有建材や製造販売する企業にとって、警告表示義務は、建築物の改修工事（但し、破砕部分）や解体工事に関与する建築作業従事者に対して負担する義務ではない。

（２）共同行為者の特定

Ｘ１らが行ったマーケットシェアを利用した共同不法行為者の特定という方法も、建材使用が極めて多数回に及ぶ状況では合理性を有すると認められる。

もとより、選定されたシェア上位企業がそのまま各被災者に対する共同行為者となるものではない。共同行為者として特定されるためには、他の証拠から認定される各被災者の職種、作業内容、当該建材からの石綿粉じん曝露の蓋然性と照らし合わせて判断されなければならない。

ところで、X1らの主張する計算式のとおり、シェア5％の建材を10現場で1回も取り扱わない確率は、（1－0.05）の10乗＝0.59、20現場で1回も取り扱わない確率は（1－0.05）の20乗＝0.35となる。

シェア10％の建材の場合、10回の現場で1回も取り扱わない確率は、（1－0.1）の10乗＝0.34、20現場で1回も取り扱わない確率は、（1－0.1）の20乗＝0.12になる。すなわち、シェア10％の建材の場合、20現場で1回以上取り扱う確率は1－0.12＝0.88であり、90％近い確率となる。

そして、現場数が多くなれば、計算上、取り扱う確率も高くなる。本件被災者においては、現場監督という職種から現場数が最も少ないと考えられる原告で少なくとも28現場であるが、シェア10％の場合の建材の場合、使用頻度、即ち、建築作業現場に到達する頻度は相当回数に及ぶものと推測することができる。

シェア5％以上の建材の場合とシェア10％の場合とでは、明らかに到達する確率が異なり、シェア5％の建材について到達の高度の蓋然性を認めることはできない。マーケットシェアについては10％を採用する。

2　民法719条1項前段に基づく共同不法行為の成否

この共同不法行為が認められるためには、共同行為者間に、損害の発生に対して社会通念上全体として一個の行為と認められる程度の一体性が必要とされている。被告企業らのうち、損害の発生に対して、社会通念上全体として一個の行為と認められる程度の一体性を認めることは困難といわざるを得ない。従って、民法719条1項前段に基づく共同不法行為の成立を認めることはできない。

3　民法719条1項後段に基づく共同不法行為の成否

この共同不法行為が成立するためには、被告とされている共同行為者のうち

の誰か（単独又は複数）の行為によって全部の結果が惹起されていること、そうでなければ、少なくとも複数の行為者の行為それぞれが、結果発生を惹起するおそれのある権利侵害行為に参加しており、それ以外に加害行為者となり得る者は存在しないことが主張立証されることが必要である。しかし、本件では前者の要件が主張されているとはいえず、また、X１らは、マーケットシェアが概ね５％以上の企業に被告を絞り込んでおり、「選択された加害者以外に加害者がいない」という要件と相容れないものである。よって、民法719条1項後段に基づく共同不法行為の成立を認めることはできない。

4 民法719条1項後段の類推適用（寄与度不明の場合）

厳密にいえば、一つの企業のある種類の石綿含有建材・・・であっても、例えば10年にわたり、継続的に使用し続け、毎回少しずつでも切断し続けたというときに、それが原因で肺がんや中皮腫に罹患する蓋然性が存在し得る（とりわけ、中皮腫にはその可能性は否定できない。）。そして、そのような石綿含有建材が別の企業にもう一種類あったというときは、他の石綿含有建材を全く使っていなければ、民法719条1項後段の適用が考えられる。しかし、現実には、多数の石綿含有建材が使用され、どれかの一種で石綿関連疾患を発症させ得るとの証明はできず、一方で、先にもみたとおり、石綿粉じんが生じたのであれば、石綿関連疾患になにがしかの寄与は否定できないのであれば、民法719条1項後段の適用が考えられる。しかし、現実には、多数の石綿含有建材が使用され、どれかの一種で石綿関連疾患を発症させ得るとの証明はできず、一方で、先にもみたとおり、石綿粉じんが生じたのであれば、石綿関連疾患になにがしかの寄与は否定できないのであれば、民法719条1項後段の類推適用を図る基礎はあるというべきである。複数の行為が累積して結果の全部又は一部（実際には全部か一部かも不明である。）を発生させており、このとき、全部と証明できないから共同不法行為の成立を否定することはできない。

民法719条1項後段を類推適用する要件としては、①各加害行為者が結果発生を全部又は一部惹起する危険性を有する行為を行ったこと、②それらが競合し、競合行為により結果が発生したことで足りる。

本件の警告表示がないままの石綿含有建材の製造販売は、到達が認められる

限り、①の要件を満たし、また、各被災者の発症により②の要件を満たしている。

　主要原因企業のグループは、建築作業従事者の石綿関連疾患発症を予見しながら、適切な警告表示を行わないまま、昭和50年1月1日以降、多数回、主要原因建材に当たる石綿含有建材を製造販売して流通に置き、それが建築現場に到達し、建築作業の過程で石綿粉じんが発生し、被災者が石綿関連疾患を発症したと認めることができる。

　各主要原因企業グループは、石綿含有建材の製造販売という点では、石綿関連疾患発症を引き起こす危険性のある行為を行ったものであり、その累積により被災者らの疾患が発症した。また、石綿含有建材を製造する企業としては、他企業の存在、建築現場への石綿含有建材の集積を認識していた。

　従って、各主要原因企業のグループは、被災者に対し、民法719条1項後段の類推適用に基づき、連帯して損害賠償責任を負う。

5　製造物責任法3条

　X1らは、製造物責任法3条に基づき、石綿の危険性に関する警告表示が欠けているという警告上の欠陥を主張するが、これは警告表示義務違反の共同不法行為責任と重なる。従って、検討の要をみない。

> **ポイント**
>
> 原告：被災者遺族ら（被災者19名）
> 被告：建材メーカー27社
> （医学的知見の時期）
> 　石綿じん肺　昭和33年3月頃
> 　肺がん、中皮腫、びまん性胸膜肥厚　昭和47年頃
> （被告国の責任）
> ・防じんマスクの着用、建築現場における警告表示（作業現場掲示）、石綿含有建材への警告表示につき、昭和50年10月1日から平成18年9月1日まで違法状態にあった
> ・石綿含有建材を製造禁止の規制権限の不行使につき、平成3年末には、石綿含有建材について製造を禁止する規制権限を行使しなかったことは違法である
> ・建築基準法2号7号〜9号までに基づく権限の不行使は、違法ではない
> 　建築基準法90条に基づく権限の不行使は、違法ではない
> ・一人親方・零細事業主保護の必要あり
> （被告企業の責任）
> ・昭和50年には、石綿含有建材についての警告表示、防じんマスク・集じん機付き工具などの対策につき、警告表示する義務違反あり
> ・民法719条1項前段適用無し
> ・民法719条1項後段適用無し
> ・民法719条1項後段の類推適用
> 　マーケットシェア10％の企業につき責任あり
> ・製造物責任法3条検討の必要なし
> （賠償額）
> 慰謝料の基準額
> ①じん肺管理区分2で合併症がある場合は1,500万円
> ②肺がん、中皮腫、びまん性胸膜肥厚の場合は2,400万円
> ③石綿肺（じん肺管理区分4）、肺がん、中皮腫による死亡の場合は2,700万円
> ④じん肺管理区分2相当であっても、石綿肺が死亡との因果関係があるときは基準額は2,700万円とするのが相当
> ・被告国の責任は、損害の2分の1
> ・石綿粉じん曝露期間が短期間の場合、基準額から10％減額

> **事例 36-1**
> ## 京都建設アスベスト第一陣1審事件
> （京都地裁平成28年1月29日判決、判例時報2305号22頁）

　本件は、建築物の新築、改修、解体作業等に従事した建築作業従事者又はその相続人である原告ら27名が、その現場で使用された石綿含有建材から発生した石綿粉じんに曝露したことによって石綿関連疾患（石綿肺、肺がん、中皮腫、びまん性胸膜肥厚）に罹患したとして、被告国と被告建材メーカー企業32社を訴えた事件である。

　被告国に対しては、石綿含有建材についての規制権限を有していたとして、安衛法や建築基準法上の規制権限を行使しなかったことをもって、国家賠償法1条1項の責任を求め、被告企業に対しては、石綿含有建材をを製造販売していたことが石綿曝露の原因であったとして民法719条1項の共同不法行為であるとして損害賠償責任を追及した。

第1　被告国の責任

1　違法の時期

　被告国の責任であるが、判決は、作業態様ごとに、違法の時期を判断する。
　被告国の規制権限不行使は、①石綿吹付け作業に従事する労働者との関係では、昭和47年10月1日から昭和50年9月30日まで、②建設屋内での石綿切断等の作業に従事する労働者との関係では、昭和49年1月1日から平成16年9月30日まで、③屋外での石綿切断等作業に従事すべき労働者との関係では平成14年1月1日から平成16年9月30日までの間、国賠法1条1項の適用上違法であったというべきである。

労働者性が認められない場合（請負業者の場合）
　そして、被告国の規制権限不行使は、労基法9条にいう労働者に当たる被災者との関係で国賠法1条1項の適応上違法となるのであるから、被告国の違法期間内に上記「労働者」である期間とそれ以外の期間の双方が含まれる被災者については、労基法9条にいう「労働者」である期間についてのみ、前記①～③の労働作業に応じて、被告国は国賠法1条1項に基づく責任を負うというべきである。

2　石綿関連疾患の知見時期

（1）石綿肺について

　我が国における石綿粉じん曝露による石綿肺発症に関する医学的知見が確立したのは、石綿粉じん曝露と石綿肺発症の因果関係を明らかにした昭和31年度及び昭和32年度の労働衛生試験研究の結果が、昭和32年度の研究報告書として公刊された昭和33年3月31日頃と認めるのが相当である。

（2）肺がんについて

　我が国における石綿粉じん曝露による肺がん発症に関する医学的知見が確立したのは、外国における石綿の発がん性に関する疫学的研究の進展が伝えられ、石綿と肺がんの因果関係について異論がないとする見解が多数を占めるようになり、労働省において、石綿粉じんと肺がんの因果関係について異論がないとする見解が多数を占めるようになり、労働省において、石綿粉じんの発がん性を前提とした通達が発出され、旧特化則が制定された昭和46年頃であると認めるのが相当である。

（3）中皮腫について

　中皮腫に関する研究等が十分に行われていなかった我が国において、石綿粉じん曝露による中皮腫発症に関する医学的知見が確立したのは、IARC報告によって石綿と中皮腫発症の因果関係が認められ、その内容が労働省労働衛生研究所の坂部弘之によって紹介された昭和47年頃と認めるのが相当である。しかも、昭和47年頃には、石綿肺及び肺がんよりも少量の石綿粉じん曝露によって中皮腫が発症しうるという知見も確立していたというべきである。

（4）びまん性胸膜肥厚

　石綿肺にびまん性胸膜肥厚が伴うことは早くから知られていたものの、びまん性胸膜肥厚が単独の疾患として認識されるようになったのは、諸外国においても1970年（昭和45年）から1980年（昭和55年）ころにかけてであり、我が国においても労災認定の対象となったのは平成15年のことである。以上によれば、我が国において石綿曝露とびまん性胸膜肥厚発生に関する医学的知見

が確立したのは、石綿曝露による肺がん及び中皮腫発症の医学的知見が確立し、中皮腫が石綿肺及び肺がんよりも少量の石綿粉じんの曝露によって発症し得るという知見が確立した昭和47年頃以降ということができる。

3 規制権限の不行使

(1) 石綿の使用を前提とした規制権限の不行使の違法性の判断

①被告国は、昭和47年10月1日の安衛法施行時以降、同法22条、23条、27条1項又は57条に基づき、規制権限を行使して、事業者に対し、石綿吹付け作業従事者に送気マスクを着用させることを義務付けるとともに、建材メーカー等及び事業者に対し、石綿含有吹付け材への警告表示及び石綿吹付け作業を行う建設作業現場における警告表示（掲示）の内容として、石綿により引き起こされる石綿関連疾患の具体的な内容、症状等の記載、石綿吹付け作業に従事する際は送気マスクを着用する必要がある旨の記載をそれぞれ義務付けるべきであった。しかるに、被告国が、昭和50年9月30日（昭和50年改正特化則の施行日の前日）までの間、上記各権限を行使しなかったことは、著しく不合理であり、国賠法1条1項の適用上違法というべきである。

②被告国は、建設屋内での石綿切断作業に従事する建設作業従事者に①防じんマスクを着用させること、②石綿切断等作業に電動工具を使用する場合は集じん機付電動工具を使用することを罰則を以て義務付けるとともに、建材メーカー等及び事業者に対し、石綿含有建材への警告表示（掲示）の内容として石綿により引き起こされた石綿関連疾患の具体的な内容、症状等の記載、防じんマスクを着用する必要及び電動工具を使用する場合は集じん機付電動工具を使用する必要がある旨の記載をそれぞれ義務付けるべきであった。

しかるに、石綿含有製品の製造販売が原則として禁止された平成15年改正安衛令の施行日の前日である平成16年9月30日までの間、各権限を行使しなかったことは、国賠法1条1項の適用上違法というべきである。

③被告国は、事業者に対し、屋外での石綿切断等作業に従事する建設作業従事者に石綿切断等作業に電動工具を使用する場合は集じん機付電動工具を使用することを罰則を以て義務付けるとともに、建材メーカー等及び事業者に対し、

石綿含有建材への警告表示及び建設作業現場における警告表示（掲示）の内容として、石綿により引き起こされる石綿関連疾患の具体的な内容、症状等の記載、防じんマスクを着用する必要及び電動工具を使用する場合は集じん機付電動工具を使用する必要がある旨の記載をそれぞれ義務付けるべきであった。平成15年改正安衛令の施行日前日である平成16年9月30日までの間、被告国が権限を行使しなかったことは、著しく不合理であり、国賠法1条1項の適用上違法というべきである。

（2）石綿の製造等の禁止措置に係る規制権限の不行使の違法性の判断

①石綿吹付け作業において送気マスクの使用及び警告表示、石綿切断等作業においては防じんマスクの着用及び集じん機付電動工具の使用並びに警告表示を行えば、建設作業従事者が曝露する石綿粉じんの濃度は許容限度以下であり、各対策の履行も十分確保されるものと認められるところ、これらの規制より被規制者にとって制約の大きい石綿の製造等の禁止が必要であったとは認められない。

②クロシドライト及びアモサイトについては製造を禁止されたのは平成7年改正安衛令によってであるが、それぞれ昭和62年、平成5年には自主的に製造が中止されていた。これはイギリスよりは遅いにせよ、ドイツ、フランス及びEUと同時期である。

クリソタイルを含む石綿含有製品の製造等禁止は、我が国は、平成15年に石綿含有量が重量比1％を超える製品の製造等を禁止し、平成18年に全面的に製造等を禁止したことが他国に比して特段に遅いともいえない。

（3）一人親方に対する責任

建築現場には、労働者ばかりでなく一人親方もおり、一人親方が労働者ではないので保護すべきかという問題はあるが、「安衛法22条、23条、27条1項、57条による保護の対象の目的とはならず、被告国が上記規定に基づき一人親方等との関係で規制権限を行使すべき義務を負うものということはできないから、一人親方等との関係において、Y（国）側の前記規制権限不行使が、国賠法1条1項の適用上違法となることはないというべきである。」と述べている。

第2　被告企業の責任

①警告表示義務

　被告企業らには、自らの製造販売する石綿吹付材について、吹付け工事との関係では昭和47年1月1日から、建設屋内での石綿粉じん作業において使用される石綿含有建材（石綿吹付材、石綿含有保存剤、耐火被覆材、断熱材、内装材、床材、混和剤）については昭和49年1月1日から、屋外での石綿切断等作業において使用される石綿含有建材（屋根材、外壁材、煙突材）については平成14年1月1日から、各石綿含有建材の販売終了まで、石綿含有の有無及び量、その危険性及び対策等を明確且つ具体的に表示すべき警告表示を行うべきであったというべきである。

②民法719条1項前段・後段の適用

　民法719条1項前段の適用につき、被告企業らの間に、被災者への到達可能性を有する石綿含有建材を製造し、警告表示なく販売することに関し、共謀、教唆、幇助といった共通の意思や、資本的・経済的・組織的結合関係、時間的・場所的近接性といった共同の利益享受などの主観的又は客観的に緊密な一体性が認められないから、強い関連共同性を肯定することはできない。よって、被告企業らに民法719条1項前段による共同不法行為は認められない。

　民法719条1項後段の適用につき、被告企業らは、被災者への到達可能性を有する石綿含有建材の製造、販売に関し、互いに自らの利益を追求し、シェアを相争う関係にあり、このような競合他社の販売行為について、社会通念上、共同して不法行為を行ったと認めるに足る一体性は認められないから、被告企業らに弱い関連共同性があるということもできない。よって、被告企業らに民法719条1項後段による共同不法行為責任は認められないというべきである。

③民法719条1項後段の類推適用による責任

　石綿関連疾患は、石綿粉じん曝露から長期間経過しては発症する上、一般に曝露量と発症との間には、「量－反応関係」が認められるものの、中皮腫など極少数回の曝露によって発症するものもあること、加えて、建設作業従事者が石綿関連疾患を発症するまでに作業に従事した現場は多数であり、その間に多種

多様な石綿含有建材からの石綿粉じんに曝露していることからすると、被告企業らの競合関係は択一的に限られない。被告企業らの競合関係というのは、そのいずれかが製造し、警告表示がなく販売した石綿含有建材からの石綿粉じん曝露により石綿関連疾患を発症させたという累積的競合の場合も、被告企業らが製造し、警告表示なく販売した石綿含有建材からの石綿粉じん曝露の全部又は一部により石綿関連疾患を発症させたが、寄与の程度が不明であるという重合的競合の場合も、それ以外の形態による競合の場合もあり得るのであって、そのいずれかを特定することは、前記のような石綿関連疾患の性質上不可能というほかない。

従って、民法719条1項後段の類推適用により、被災者への到達可能性を有する石綿含有建材を製造し、警告表示なく販売した被告企業らの行為が競合し、競合行為によって作出された建設作業現場における石綿粉じん曝露の危険によって当該被災者が石綿関連疾患を発症したこと（競合行為と結果との因果関係）が立証されれば、各被告企業が製造し、警告表示なく販売した石綿含有建材が当該被災者に到達し、当該石綿含有建材からの石綿粉じんに当該被災者が曝露して石綿関連疾患を発症した（各加害行為者の行為と結果との因果関係）と推定され、被告企業からこれに反する事実が主張立証されない限り、被告企業らは全部の責任を負うというべきである。

④被告企業の免責

他方、被告企業らは、自らが製造・販売した石綿含有建材が当該被災者に到達していないことや、当該被災者に石綿関連疾患を発症させないことなど、自己の行為と結果との間に因果関係のないことを主張立証して免責を求めることができ、当該被災者の石綿関連疾患の発症には他の原因の寄与もあることなど、選択された被告企業らの行為と相当因果関係のある損害の範囲を主張立証して、減責を求めることができるというべきである。

⑤共同不法行為者の範囲

一定以上のシェアを有する建材メーカーにより販売された建材であり、当該建材が販売された時期、販売された地域、販売された相手（対象）、使用された建物の種類、使用された箇所、使用された工程及び使用された方法が、各被災

者が建設作業に従事した時期、従事した地域、販売対象が特定の施工代理店等に限定されている場合には当該代理店等への所属、施工した建物の種類、施工した箇所、従事した工程及び施工した方法と整合していれば、当該建材は、各被災者に到達した蓋然性が高く、かかる建材を製造・販売した建材メーカーは、前記危険を招来した加害行為者として責任を問われうる者に当たるというべきである。

　用途を同じくする建材において、概ね10％以上のシェアを有する建材メーカーが販売した建材であれば、建設作業従事者が、1年に1回程度は、当該建材を使用する建設作業現場において建設作業に従事した確率が高いといえる（本件においては、被告6社）。

　被告企業らからこれに反する事実が主張立証されない限り、被告企業らは全部の責任を負うというべきである旨を述べた。そして、「一定以上のシェアを有する建材メーカーにより販売された建材であり、当該建材が販売された時期、販売された地域、販売された相手（対象）、使用された建物の種類、使用された箇所、使用された工程及び使用された方法が、各被災者が建設作業に従事した時期、従事した地域、販売対象が特定の施工代理店等に限定されている場合には当該代理店等への所属、施工された建物の種類、施工した箇所、従事した工程及び施工した方法と整合していれば、当該建材は、各被災者に到達した蓋然性が高く、かかる建材を製造、販売した建材メーカーは、前記危険を招来した加害行為者として責任を問われうる者に当たるというべきである。」として、そのシェアを「概ね10％以上」として、「概ね10％以上のシェアを有する建材メーカーが販売した建材であれば、建設作業者が、1年に1回程度は、当該建材を使用する建設作業現場において建設作業に従事した確率が高いということができる。」として、被告32メーカーのうちの9社に賠償責任を認めた。

⑥責任の時期

　被告企業らに注意義務違反が認められるのは、石綿吹付材について吹付け工との関係では昭和47年1月1日以降、建設屋内での石綿粉じん作業において使用される石綿含有建材（吹付け工以外との関係での石綿吹付材を含む。）については昭和49年1月1日以降、屋外での石綿切断等作業については平成14年1月1日以降であるから、各建材毎に一定量の販売を行った企業として特定され

た企業らが責任建材の警告表示なき販売について責任を負うのは、各年月日以降の販売期間に限られることになる、前記特定された各被告企業が製造し、警告表示なく販売した責任建材が当該被災者に到達し、当該建材からの石綿粉じんに当該被災者が曝露して石綿関連疾患を発症した（各加害行為の行為と結果との因果関係）と推定されるとする。

> **ポイント**
>
> 原告：被災者、遺族27名
> 被告：国、企業（建材メーカー）32社
> （医学的知見）
> ・石綿肺昭和33年3月31日
> ・肺がん　昭和46年頃
> ・中皮腫　昭和47年頃
> ・びまん性胸膜肥厚　昭和47年以降
> （被告国の責任）
> ・石綿吹付け作業者送気マスクの着用を義務付け、石綿吹付材への警告表示、吹付け工事を行う建設作業現場における警告表示の義務付け（昭和47年10月1日～昭和50年9月30日までの間）
> ・建設屋内での石綿切断作業を行う場合の防じんマスクの着用、集じん機付き電動工具の使用の義務付けと警告表示（～平成16年9月30日まで）
> ・屋外での石綿切断作業を行う場合の集じん機付電動工具の使用の義務付けと警告表示（～平成16年9月30日まで）
> ・石綿製造の禁止措置責任無し
> ・一人親方・零細事業主は保護の対象となる
> （被告企業の責任）
> ・警告表示義務違反あり
> ・吹付け工事　昭和47年1月1日から
> ・石綿吹付材、石綿含有保存剤、耐火被覆材、断熱材、内装材、床材、混和剤　昭和49年1月1日から
> ・屋外での石綿切断作業において使用される石綿含有建材（屋根材、外壁材、煙突材）について平成14年1月1日～販売終了まで
> ・民法719条1項前段適用無し

・民法719条1項後段適用無し
・民法719条1項後段の類推適用あり
　概ね10%以上のシェアを有する建材メーカー9社に責任あり
（賠償額）
　基準額
　①肺がん、中皮腫、びまん性胸膜肥厚の場合は2,300万円
　②肺がん、中皮腫、びまん性胸膜肥厚による死亡の場合は2,600万円
・被告国の責任は賠償額の3分の1
・過失相殺：肺がんは喫煙歴を考慮し、1割減

事例 36-2	京都建設アスベスト第一陣控訴審事件 (大阪高裁平成 30 年 8 月 31 日判決、判例集未登載・ウェストロー・ジャパン)

　本件は、建築物の新築、改修、解体作業等に従事した建築作業従事者又はその相続人である原告ら 27 名が、その現場で使用された石綿含有建材から発生した石綿粉じんに曝露したことによって石綿関連疾患（石綿肺、肺がん、中皮腫、びまん性胸膜肥厚）に罹患したとして、被告国と被告建材メーカー企業 32 社を訴えた事件である。

　被告国に対しては、石綿含有建材についての規制権限を有していたとして、安衛法や建築基準法上の規制権限を行使しなかったことをもって、国家賠償法 1 条 1 項の責任を求め、被告企業に対しては、石綿含有建材を製造販売していたことが石綿曝露の原因であったとして民法 719 条 1 項の共同不法行為であるとして損害賠償責任を追及した。

第 1　被告国の責任

1　石綿関連疾患の知見時期

　我が国において、石綿粉じん曝露と石綿じん肺発症に関する医学的知見が確立した時期は、昭和 33 年 3 月 31 日頃と認めるのが相当である。

　我が国において、石綿粉じん曝露と肺がん発症に関する医学的知見が確立した時期は、被告国が、石綿粉じんの発がん性を前提とした「石綿取扱い事業場の環境改善等について」と題する通達を発出し、旧特化則を制定した昭和 46 年頃と認めるのが相当である。

　我が国において、石綿粉じん曝露と中皮腫発症に関する医学的知見が確立した時期は、昭和 47 年頃と認めるのが相当である。しかも、昭和 47 年には、石綿肺及び肺がんよりも少量の石綿粉じん曝露によって中皮腫が発症し得るという医学的知見も確立していたというべきである。

　我が国において、石綿粉じん曝露とびまん性胸膜肥厚発症に関する医学的知見が確立した時期は、石綿粉じん曝露と肺がん及び中皮腫発症に関する医学的知見が確立し、中皮腫が石綿肺及び肺がんよりも少量の石綿粉じん曝露によっ

て発症し得るとの医学的知見が確立した昭和47年以降ということができる。

2 建築作業従事者が石綿関連疾患に罹患する客観的な危険性

被告国の予見可能性と規制権限不行使による違法性のまとめ

ア 石綿吹付け作業

　被告国は、昭和46年中に吹付け工が石綿吹付け作業によって石綿関連疾患を発症する危険性を認識することが可能であった。よって、被告国の違法とされる期間は、昭和47年10月1日（予見可能性が認められる昭和46年の翌年で、安衛法の施行日）から昭和50年9月30日（昭和50年改正特化則の施行日の前日）まで

　違法となる規制権限の不行使：①石綿吹付け作業者に対する送気マスクの着用義務付け、②建材メーカーに対する警告表示の義務付け、③事業者に対する警告表示（掲示）の義務付け

　根拠法令：安衛法22条（事業者が健康障害を防止するために必要な措置を講じる義務）、23条（事業者が労働者を就労させる建設物その他の作業場について、労働者の健康、風紀及び生命の保持のために必要な措置を講じる義務）、27条1項（22条、23条の規定により事業者が講ずべき措置の労働省令への委任）及び57条（警告表示及び労働省令への委任）

イ 建設屋内での石綿切断等作業

　被告国は、昭和48年中に、建築作業従事者が建設屋内での石綿切断等作業によって石綿関連疾患を発症する危険性を認識することが可能であった。よって、被告国の違法とされる期間は、昭和49年1月1日（予見可能性が認められる昭和48年の翌年）から平成16年9月30日（平成15年改正安衛令の施行日の前日）まで

　違法となる権限の不行使：①防じんマスクの着用義務付け及び集じん機付電動工具の使用義務付け、②建材メーカーに対する警告表示の義務付け、及び③事業者に対する警告表示（掲示）の義務付け

　根拠法令：安衛法22条、23条、27条1項及び57条

ウ 屋外での石綿切断等作業

　被告国は、平成13年中に、建築作業従事者が屋外での石綿切断作業によって石綿関連疾患を発症する危険性を予見することが可能であった。よって、被告国の違法とされる期間は、平成14年1月1日（予見可能性が認められる平成13年の翌年）から平成16年9月30日（平成15年改正安衛令の施行日の前日）まで

　違法となる権限不行使：①集じん機付電動工具の使用義務付け、②建材メーカーに対する警告表示の義務付け、及び、③事業者に対する警告表示（掲示）の義務付け

　規制権限の根拠法令：安衛法22条、23条、27条1項及び57条

3 石綿の製造等禁止に係る規制権限不行使の違法性

　クロシドライト及びアモサイトについて、我が国がこれらの製造等を禁止したのは平成7年改正安衛令によってであるが、それぞれ昭和62年、平成5年には石綿業界により自主的に製造が中止されていたところ、それはイギリスより遅いにせよ、ドイツ、フランス及びEUと同時期である。また、クリソタイルを含む石綿含有製品全般の製造等禁止についても、北欧諸国が昭和年間のうちに石綿製品を原則として禁止し、ドイツが平成5年に石綿の製造及び使用を原則として禁止したことを除けば、他のヨーロッパ諸国が石綿の販売、使用等を原則として禁止したのは平成10年前後であり、EUも平成11年に販売及び使用の禁止を決定したものの、その実施は平成17年までに行うものとされ、例外も認められていたことからすれば、我が国が平成15年に石綿含有率が1％を超える製品の製造を禁止し、平成18年に全面的に製造等を禁止したことが、諸外国に比して特段遅いともいえない。

　我が国が平成15年に石綿含有率が1％を超える製品の製造を禁止し、平成18年に全面的に製造等を禁止したことが遅きに失したということはできない。

　X1らが主張する平成7年に至るまで、各規制措置により石綿の管理使用は可能であったと認められ、また、被告国が講じてきた石綿の製造等禁止に関する規制は、石綿の危険性及び管理使用に関する医学的知見、石綿含有建材の代替可能性、諸外国における石綿の規制状況等に照らして合理性を有するものと

認められ、これより早く石綿の製造等を禁止する規制を行わなかったことが許容される限度を逸脱して著しく不合理であるとはいえない。従って、石綿の製造等禁止に係る被告国の規制権限不行使の違法性は認められない。

4 一人親方等の関係における規制権限等不行使の違法性

　このような一人親方等の就労実態に鑑みると、被告国が労働者保護のために石綿粉じん曝露防止対策としての規制権限を行使するということにより、労働者とは認められない一人親方等も、労働者と同様に、規制権限の行使により形成された安全な作業環境の下で建築作業に従事するという利益を享受することになる。このような労働者以外の者が享受する利益は、安全、すなわち、健康を損ない、生命を脅かす危険の除去という人間の生存に関わるものであるから、これをもって、労働者が上記利益を享受した結果に伴う反射的利益（事実上の利益）にすぎないと直ちにいえず、・・・旧労基法、安衛法やこれら法に基づいて制定された規則及び関連する告示等の関連法規を考慮すれば、少なくとも、労働者と変わらない時間作業場に所在する者や労働者の家族などの安全を保護する趣旨を含むものと解するのが相当である。

5 建築基準法に基づく規制権限等不行使の違法性

（1）建基法2条7号～9号に基づく指定・認定行為等の違法性

　建基法2条7号～9号の目的は、建物の構造耐火性能に関する最低基準を定め、建築の際にこれを遵守させることにより、建物の居住者及び利用者、建物の所有者並びに周辺住民の生命、身体、財産を保護することにあると解され、建物の施工過程における建築作業従事者の生命、身体、財産の保護を目的とするものとは解されない。

（2）建基法90条に基づく規制権限不行使の違法性

　建基法90条1項は「建築物の建築、修繕、模様替又は除去のための工事の施工者は、当該工事の施工に伴う地盤の崩落、建築物又は工事用工作物の倒壊等による危害を防止するために必用な措置を講じなければならない。」とし、2

項は、「前項の措置の技術的基準は、政令で定める。」と定めている。・・・建築現場において直ちに被害が発生する物理的な作用による種々の危険に対する防止措置を定めており、建基法90条が直ちに、建築作業従事者が石綿粉じんに曝露することによる危険に対する措置をも念頭に置いた規定であると解することには無理がある。

第2 被告企業らの責任

1 被告企業らの予見可能性

　被告企業らは、石綿含有建材を製造・販売する建材メーカーとして、自らが製造・販売した石綿含有建材が建築現場に到達し、他の建材メーカーが製造・販売した建材とともに使用されて、建築作業従事者を石綿粉じんを曝露させていること、石綿粉じん作業における石綿粉じん曝露濃度は、石綿関連疾患を発症させる危険を有する水準のものになっていたこと、石綿粉じん曝露対策として、石綿吹付け作業については送気マスクの着用、建設屋内での石綿切断等作業については防じんマスクの着用及び集じん機付電動工具の使用がそれぞれ必要かつ有用でありながら、建築作業従事者が、石綿粉じん曝露により石綿関連疾患に罹患することについての具体的危険性と具体的対策についての認識を欠き、作業の効率等を優先させて上記の各対策を講じないまま作業することの多かったことを認識し、あるいは容易に認識することが可能であった。そして、このような建築作業従事者が石綿関連疾患を発症する危険性に関する被告企業らの予見可能性が認められる時期は、被告国の関係と同様に、石綿含有吹付け材の製造・販売行為については昭和46年中、建設屋内での石綿粉じん作業に使用される石綿含有建材の製造・販売については昭和48年中、屋外での石綿切断等作業に使用される石綿含有建材については平成13年中にそれぞれ認めるのが相当である。

2 被告企業らの警告表示義務違反

　被告企業らは、石綿含有建材を製造・販売する建材メーカーとして、当該建材自体又はその最小単位の包装に、石綿含有の有無及び量、その危険性（石綿

粉じん曝露により石綿肺、肺がん、中皮腫等の生命に危険をもたらす重篤な疾病を発症する危険があること）及び対策（石綿吹付材であれば送気マスクの着用、それ以外の石綿含有建材であれば防じんマスクの着用及び集じん機付電動工具の使用）等を明確かつ具体的に、印刷又はシール貼付その他適切な方法によって表示すべき義務があったというべきである。

しかし、建材メーカーの警告表示義務は、新規に製造・販売する石綿含有建材に付する警告表示の問題であり、製造・販売後の事後的な警告表示というものを観念することはできない。

3 被告企業らの石綿不使用義務違反

被告国が講ずるべきであった規制措置（石綿吹付け作業については送気マスクの着用義務付け、建設屋内での石綿切断等作業については、防じんマスクの着用義務付け及び集じん機付電動工具の使用義務付け、石綿粉じん作業については建材メーカー及び事業者に対する警告表示（掲示を含む）の義務付け）並びに被告企業らが石綿含有建材を製造・販売する建材メーカーとして負う警告表示義務の履行により、建築作業従事者の石綿粉じん曝露及び石綿関連疾患を防止することは可能であり、石綿の管理使用は可能であったということができる。

我が国においては、少なくとも平成18年に至るまで、石綿の使用を前提とした規制によっては建築作業従事者の石綿関連疾患への罹患を防止し得ないという知見が確立していたとは認められず、平成年間に入って、技術及び性能面において石綿含有建材の代替化は可能になったものの、平成13、14年頃までに発がん性への懸念が払拭されるまでは、安全面においては、石綿含有建材の代替化は困難であったと認められる。これらの事情に照らせば、被告企業らに警告表示義務より誓約の大きい石綿不使用義務があったということはできない。

4 被告企業ら共同不法行為

（1）民法719条1項前段の適用

Ｘ１らの（共同）不法行為に関する主張の概要に照らしてみても、被告企業

らが製造・販売した石綿含有建材の種類・石綿含有建材の製造・販売期間、販売経路等はそれぞれ異なり、それぞれが別の場所で独立して石綿含有建材を製造・販売したのであるから、被告企業らの石綿含有建材の製造・販売行為に時間的・場所的近接性は認められない。

さらに、被告企業らが建築作業従事者に対して負うべき警告表示義務は、それぞれ石綿含有建材の製造・販売企業としての地位に基づき独自に負う注意義務であり、他の被告企業らとの関係で問題となる義務ではない上、被告企業らが一体となって、上記警告義務の履行を怠ったとは認められない。

よって、民法719条1項前段の適用による共同不法行為は成立しない。

（2）民法719条1項後段の適用

民法719条1項後段は「択一的競合」関係にある場合であり、同項1項後段に基づく請求を行う場合には、被害者において「共同行為者」の範囲を特定する必要があり、特定された者以外の者によって損害がもたらされたものではないこと（他原因者の不存在）を証明することが必要であると解するのが相当である。

よって、民法719条1項後段の適用による共同不法行為は成立しない。

（3）民法719条1項後段の類推適用

民法719条1項後段は「択一的競合」関係にある場合について規定したものであるところ、本件は、典型的な「択一的競合」の場合ではなく、共同行為の中には結果との因果関係のない可能性のある者も含まれる「累積的競合」の場合であるから、同項後段の類推適用においては、同条項の要件について、その実態に即した一定の変容を許容する必要があるが、他方では、加害者とされる被告企業らの防御の利益にも配慮し、同項後段の類推適用が無限定に拡大することを防止する必要がある。

これらの観点からすると、民法719条1項後段の類推適用に当たり、被告企業らによる石綿含有建材の製造・販売行為が加害行為に当たるというためには、それが被災者らによる具体的危険性を有するものである必要があり、被告企業らによる石綿含有建材の製造・販売行為が被災者らに対する具体的危険性を有するものであるというためには、被告企業らの製造・販売した石綿含有建材が、

被災者らの就労した建築現場に現実に到達した（その結果、当該建材に由来する石綿粉じんに曝露した）相当以上の可能性が必要であると解するのが相当である。そして、Ｘ１らにより、この「到達の相当程度以上の可能性」が主張・立証された場合には、このような到達の相当程度以上の可能性が認められる複数の企業がそれぞれ製造・販売した石綿含有建材の全部又は一部に由来する石綿粉じんに累積的に曝露した結果、被災者らが石綿関連疾患に罹患したことが認められ、その複数の企業は、当該被災者ら（Ｘ１ら）に対し、民法719条1項後段の類推適用により、共同不法行為責任を負うというべきである。

他方、被告企業らは、自らの製造・販売した石綿含有建材が当該被災者らの就労した建築現場に到達していないことや、当該被災者らに石綿関連疾患を発症させないことなど、自己の行為と結果との間に因果関係のないことを主張・立証して免責を求めることができ、また、当該被災者らの石綿関連疾患の発症には他の原因の寄与もあることなど、選択された被告企業らの行為と相当因果関係のある損害の範囲を主張・立証して、減責を求めることができるというべきである。

（４）到達及び他原因者不存在の要否並びに加害行為の捉え方

本件の被災者らは、長年にわたって多様な建築現場で働き、多数の企業が製造・販売した石綿含有建材から発生した石綿粉じんに累積的に曝露した結果、石綿関連疾患を発症したものであるから、共同行為者以外の企業らが製造・販売した石綿含有建材から発生したものであるから、共同行為者以外の企業らが製造・販売した石綿含有建材から発生した石綿粉じんに曝露した可能性は、証拠上は小さいものとはいえ常に存在し、そのような者を全て特定することは不可能である。しかし、前記民法719条1項後段の類推適用に当たっては、共同行為者（のすべて又は一部の者）が製造・販売した石綿含有建材から発生した石綿含有建材から発生した石綿粉じんに曝露した結果、石綿関連疾患が発症したこと、すなわち、共同行為者の行為と、損害の全部又は一部との間の事実的因果関係が認められることを要件とするのであるから、同項後段の類推適用の際に、更に、他に（到達可能性の低い）原因者が存在しないことを要件とすることは、加害者不明の不法行為の成立をいたずらに厳格化しすぎるというべきである。そして、同項後段を類推適用するに当たり、共同行為者の範囲は、被災者に到達し

た相当程度以上の可能性のある石綿含有建材を製造・販売した企業に限られるのであるから、加害者とされる者が無限定に拡大されるおそれはない。また、共同行為者とされる者において、共同行為者性及び共同行為と結果発生との間の因果関係を争うことができ、また、寄与の程度を立証してその責任の減殺を求めることができるのであるから、このような解釈が、民法709条の不法行為の一般原則を逸脱するともいえない。

このようにみてくると、被告企業らにおいて被災者らが就労する建築現場への相当程度以上の到達可能性を有する石綿含有建材を製造し、警告表示なく販売し、流通に置いた行為そのものをもって、共同不法行為における加害行為ということができる。

⑤到達の相当程度以上の可能性－シェア論

ある特定の石綿含有建材が概ねすべての建築物で使用される場合、被災者が年間10件の現場で建築作業に従事するものと仮定すると、ある企業が製造・販売した当該建材が当該被災者の従事する現場で年1回以上使用される確率は、当該企業のシェアが10％であれば、約65.13％（1－（1／10）10乗）となり、シェアが20％であれば、約89.26％（1－（2／10）10乗）となり、シェアが30％であれば、約98.2％（1－（3／10）10乗）となる。このように、用途を同じくする建材について、シェア20％を一つの基準とすれば、年間10件の建築現場で就労する建築作業従事者が当該建材を1回以上使用する確率は90％近くになり、これを裏返していえば、ある建材メーカーのシェアが20％であれば、当該建材メーカーの製造・販売した建材が年間10件の現場で就労する建築作業従事者の就労した作業現場に1回以上到達した確率は90％程度ということになる。従って、シェアが概ね20％以上という基準をとれば、被告企業らの製造・販売した石綿含有建材が被災者らに到達した相当以上の可能性があり、被告企業らによる当該石綿含有建材の製造・販売行為を被災者らに対する具体的危険性を有する加害行為に当たり得るというべきである。

第3　X１らの損害

1　基準慰謝料額

基準慰謝料額は、①肺がん、中皮腫及びびまん性胸膜肥厚に罹患した場合は2,300万円、②肺がん、中皮腫及びびまん性胸膜肥厚により死亡した場合は2,600万円と認めるのが相当である。

2　被告国の責任

被告国がその責任を肯定される被災者らに負うべき損害賠償額の義務は、損害の公平な分担の見地から、それぞれの損害額の３分の１を限度とするのが相当である。

3　肺がんを発症した被災者の喫煙歴

慰謝料額の１割を減額するのが相当である。

ポイント

- 原告：被災者及び遺族で27名
- 被告：国、企業（建材メーカー）32社

（医学的知見の時期）
- 石綿肺は昭和33年３月31日頃
- 肺がんは昭和46年頃
- 中皮腫は昭和47年頃
- びまん性胸膜肥厚は昭和47年以降

（被告国の責任）
- 石綿吹付け作業（昭和47年10月１日～昭和50年９月30日）送気マスクの着用義務付け、建材メーカーに対する警告表示の義務付け、事業者に対する警告表示（掲示）の義務付け
- 建設屋内での石綿切断作業（昭和49年１月１日～平成16年９月30日）防じんマスクの着用義務付け、集じん機付電動工具の使用義務付け、事業者に対する警告表示（掲示）の義務付け

- 屋外での石綿切断作業（平成 14 年 1 月 1 日～平成 16 年 9 月 30 日）集じん機付電動工具の使用義務付け、建材メーカーに対する警告表示の義務付け、事業者に対する警告表示（掲示）の義務付け
- 石綿製造禁止等責任無し
- 建築基準法 2 条 2 号～9 号、同法 90 条等責任無し
- 一人親方、零細事業者の保護適用あり

（被告企業の責任）
- 警告表示義務違反責任あり
  建材自体、包装に印刷・貼付等
- 民法 719 条 1 項前段適用無し
- 民法 719 条 1 項後段適用無し
- 民法 719 条 1 項後段の類推適用あり
  シェアが 20％以上の建材メーカーにつき、その石綿粉じんが被災者らに到達する可能性高い

（賠償額：基準額）
 ①肺がん、中皮腫、びまん性胸膜肥厚に罹患した場合 2,300 万円
 ②肺がん、中皮腫、びまん性胸膜肥厚により死亡した場合 2,600 万円
- 被告国の責任は 3 分の 1
- 過失相殺：肺がんの場合には喫煙者については 1 割減

事例 37　九州建設アスベスト事件
（福岡地裁平成 26 年 11 月 7 日判決、判例集未登載・ウェストロー・ジャパン）

　本件は、建築物の新築、改修、解体作業等に従事した作業従事者又はその相続人である原告ら 51 名が、その現場で使用された石綿含有建材から発生した石綿粉じんに曝露したことによって石綿関連疾患（石綿肺、肺がん、中皮腫、びまん性胸膜肥厚）に罹患したとして被告国と被告建材メーカー企業 43 社を訴えた事件である。

　被告国に対しては、石綿含有建材についての規制権限を有していたとして、規制権限を行使しなかったことをもって、国家賠償法 1 条 1 項の責任を求め、被告企業に対しては、石綿含有建材を製造販売していたことが石綿曝露の原因であったとして民法 719 条 1 項前段または後段の共同不法行為の規定により、または製造物責任法 3 条による石綿含有建材を製造販売していた企業に対しては損害賠償責任を追及した。

第 1　被告国の責任

1　建材メーカー等に対する警告表示の義務付けに関する規制権限不行使の違法性の有無

　被告国は、昭和 50 年 10 月 1 日の特化則改正時以降、規則制定権限を行使して、使用者に対して労働者に防じんマスクを使用させることを規則をもって義務付けるとともに、石綿含有建材（石綿含有量が重量 5 ％以下のものを含む）への警告表示や建築作業現場（石綿含有量が重量 5 ％以下の石綿含有材料を取りあつかう建築作業現場を含む。）における警告表示（掲示）の内容として、石綿により引き起こされる石綿関連疾患の具体的内容、症状等の記載、防じんマスクを着用する必要がある旨の記載をそれぞれ義務付けるべきであり、このような規制権限が適切になされていれば、それ以降の建築作業現場において建築作業に従事する労働者の石綿関連疾患発症の被害を相当程度防止できたということができる。

　従って、被告国が、昭和 50 年 10 月 1 日以降、平成 7 年 4 月 1 日に平成 7 年

特化則改正により事業者に対して労働者に呼吸用保護具等を使用させる義務が定められ（平成7年改正特化則38条の9第1項）、これを前提にして、当該事業者から保護具等の使用を命じられた場合の労働者の使用義務が定められた上（同条第3項）、これらの義務に違反した場合には罰則が適用される旨定められる前日（平成7年3月31日）までの間上記規制権限を行使しなかったことは、その趣旨・目的に照らし、著しく合理性を欠くものであって、国賠法1条1項の適用上違法であるというべきである。

　なお、石綿含有建材の警告表示や建築作業現場における警告表示（掲示）は、あくまでも防じんマスク着用に係る規制の実行性を確保するための補助的、補完的手段にすぎない上、平成7年4月1日に特化則が改正され、事業者に対して労働者に呼吸用保護具等を使用させる義務が罰則をもって定められたことからすれば、石綿含有建材への警告表示や建築作業現場における警告表示（掲示）に関する規制権限不行使が国賠法1条1項の適用上違法となり、被告国が責任を負う期間は、昭和50年10月1日以降平成7年3月31日までに限られるというべきである。

2　石綿含有建材の製造禁止措置を講じなかった点に関する規制権限不行使の違法性の判断

　建築作業現場における作業においても石綿含有建材の取扱いにおいて防じんマスクを着用するという有効な石綿の管理使用方法が存在し、これによっても石綿粉じん作業に従事する労働者の石綿関連疾患発症を防止することができなかったものとは認められない上、石綿の有用性及び社会的需要が高かったこと、世界的にみても石綿含有製品の管理使用が困難であるとの知見は確立していなかったこと、代替製品の開発も容易ではなく、その安全性が確認されるまでに時間を要したこと等からすれば、被告国が、安衛法55条に基づき、特化則が改正された昭和50年時点、昭和53年報告書が労働基準局長に対して提出された昭和53年時点、石綿条約が採択された昭和61年以降の時点の各時点において、石綿の製造等を禁止する規制権限を行使しなかったことが著しく不合理であり国賠法1条1項の適用上違法であると認めることはできない。

第2 被告企業の責任

1 民法719条1項前段の共同不法行為の責任

　被告企業らが石綿含有建材を製造又は販売した時期、場所、石綿含有建材の種類、販売先はそれぞれ異なる上、被告企業らにおいて、被告企業らが製造販売した石綿含有建材による石綿粉じんに被災者らが曝露し、石綿関連疾患を発症することについての危険性についての共通認識を有していたという事情もない。被告企業らの行為は、石綿含有建材を製造又は販売し、いずれかの建築作業現場において建材として用いられるという点において共通性を有するということはできず、各被災者に対する権利侵害ないし損害の発生との関係における共通性を認めることはできないのであり、原告らが主張する上記事情により強い関連共同性を認めることはできない。

　さらに、原告らは、被告企業らには業界一体となり市場を拡大し利益を上げるという利益共同体としての一体性、日本石綿協会等の業界団体を通じて利益を上げるという一体性があり、このような業界としての一体性から加害行為の一体性が認められるべきであることを主張する。しかしながら、被告企業らはそれぞれ独立の立場で石綿含有建材を製造又は販売しており、被告企業らの利益が全体として共通すると認めるに足りる証拠はない。また、被告企業らの中には、日本石綿協会等の団体に属していない企業も存在することに照らせば、原告らが主張する事実により強い関連共同性を認めることはできない。

2 民法719条1項後段の共同不法行為の責任

　民法719条1項後段は、特定の複数の共同行為者について、それぞれ因果関係以外の点では独立の不法行為の要件が具備されている場合において、複数の行為のいずれもがそれだけで損害を発生させる原因力をもち、被害者に生じた損害が当該複数の行為者の行為のいずれかに寄って発生したことは明らかであるが、現実に発生した損害の一部又は全部がそのいずれによって発生したことは明らかであるが、現実に発生した損害の一部又は全部がそのいずれによってもたらされたかを特定することができないとき、即ち、択一的競合関係にある

ときに、択一的競合関係にある複数の行為者の間における因果関係の証明の困難さを緩和するという趣旨に基づき、発生した損害と複数の行為者の各行為との因果関係の存在を推定する規定であると解するのが相当である。そうだとすれば、同条1項後段に基づく請求を行う場合には、原告側において「共同行為者」の範囲を特定する必要があり、特定された者以外の者によって損害がもたらされたものではないことを証明することが必要である。

被告企業らは、国交省データベースに挙げられている企業を被告としているが、全ての石綿含有建材を製造販売した企業が掲載されているわけでもなく、加えて、被告企業らは、同データベースに掲載された企業の一部に過ぎず、本件において、被告企業以外の者によって各被災者の損害がもたらされたものでないことの証明がされたものと認めることはできない。

3 累積的競合、重合的競合、寄与度不明の場合

民法719条1項後段の択一的競合関係の要件を満たさない累積的競合、重合的競合又は寄与度不明の場合においても、同条1項後段の類推適用による共同不法行為責任が成立する余地があると解するとしても、民法719条1項後段の趣旨及び効果に照らせば、共同行為者の行為が累積ないし重合又は寄与することによって損害が発生することが明らかである場合に限られるというべきであり、少なくとも、個別の被災者が従事する建築作業現場において石綿粉じんに曝露する可能性のある状態におかれた石綿含有建材を製造販売した企業を共同行為者として原告ら側において特定する必要があるというべきである。しかるに、原告らは、この点について具体的な主張立証を行っていないから、民法719条1項後段の類推適用の基礎を欠くものといわざるを得ない。

ポイント

- 原告：被災者及び遺族51名
- 被告：国、被告企業（建材メーカー）43社

（医学的知見の時期）
  - 石綿肺は昭和33年3月、肺がん・中皮腫は昭和47年頃

（被告国の責任）
- 事業者に労働者に対する呼吸用保護具の使用を義務付け、それを前提にして義務に違反した場合には罰則が適用されるよう規制権限を行使すべき（昭和50年10月1日〜平成7年3月31日まで）
- 建材メーカーに対する石綿含有建材の警告表示や建築作業現場における警告表示の義務付けの不行使（昭和50年10月1日〜平成7年3月31日まで）の違法
- 石綿建材製造禁止について
  違法ではない
- 建築基準法2条7号〜9号、90条による規制権限の不行使
  違法ではない
- 毒劇法の劇物の指定をしないこと規制権限の不行使
  違法ではない
- 一人親方、零細事業者
  保護の対象ではない

（被告企業の責任）
- 民法719条1項前段適用せず
- 民法719条1項後段適用せず
- 民法719条1項後段の類推適用適用せず
- 製造物責任法3条認めず

（賠償額：慰謝料の基本額）
 ①石綿肺の管理区分2で合併症の者は1,300万円
 ②同管理区分3で合併症の者は1,800万円
 ③同管理区分4、肺がん、中皮腫の者は2,200万円
 ④石綿関連疾患により死亡した者は2,500万円
 種々の修正をしており工夫が見受けられる
- 国の責任は3分の1
- 過失相殺
- 肺がんの場合、喫煙は1割減

| 事例 38 | **北海道建設アスベスト事件**
（札幌地裁平成 29 年 2 月 14 日判決、判例タイムズ 153 頁） |

　本件は、建築物の新築、改修、解体作業等に従事した建築作業従事者又はその相続人である原告 33 名が、その現場で使用された石綿含有建材から発生した石綿粉じんに曝露したことによって石綿関連疾患（石綿肺、肺がん、中皮腫、びまん性胸膜肥厚）に罹患したとして、被告国と被告建材メーカー 41 社を訴えた事件である。

　被告国に対しては、石綿含有建材についての規制権限を有していたとして、規制権限を行使しなかったことをもって、国家賠償法 1 条 1 項の責任を求め、被告企業に対しては、石綿含有建材を製造販売していたことが石綿曝露の原因であったとして民法 719 条 1 項前段または後段の共同不法行為の規定により石綿含有建材を製造販売していた企業に対しては民法の不法行為による損害賠償責任を追及した。

第 1　被告国の責任

1　労働関係法令に基づく規制権限の不行使の違法性

（1）医学的知見の確立

　石綿肺の知見については、昭和 31 年、32 年と労働省による労働衛生試験研究が行われ、各地の石綿鉱山、石綿工場の従業員を対象とする検診や臨床検査、石綿粉じんの正常等の研究、X 線所見の分析、動物実験、人体解剖による病理組織学研究が行われ、その結果が発表になり、石綿曝露を原因とする石綿肺に関する医学的知見が確立したといえる。

　肺がんと中皮腫については、有力な論文が公表され、かつＩＡＲＣ（国際がん研究機関）報告及びＩＡＲＣ論文が公表された昭和 48 年の時期までには、石綿曝露を原因とする肺がん及び中皮腫に関する我が国の医学的知見が確立したと評価するのが相当である。

（2）安全衛生法関係

　昭和40年代以降の我が国の建築現場における石綿曝露の実態は、これを客観的にみれば、多くの建築作業従事者に石綿肺、肺がん又は中皮腫を発症させる程度に深刻な状況にあったといえる。従って、被告国が、我が国の建築現場における石綿曝露の実態が上記のように深刻な状態であることを容易に認識し得たにもかかわらず、労働関係法令に基づく規制権限を適時にかつ適切に行使しなかったのであれば、その規制権限の不行使は、許容できる限度を逸脱して著しく合理性を欠くと認められる。

　被告国としては、昭和54年以降、①防じんマスクに関する規制措置として、建築作業従事者を雇用する事業者に対し、罰則を伴う法令上の義務として、石綿曝露建築作業従事者に防じんマスクを使用させる義務を課し、②警告表示及び現場掲示に関する規制措置として、警告表示及び現場掲示をすべき事項のうち、人体に及ぼす影響の表示としては、石綿含有建材に由来する石綿粉じんが肺がんや中皮腫等の重篤な疾病を引き起こし得るものであることを被表示者において具体的に理解可能な内容とし、取扱い上の注意表示としては、そのような人体に及ぼす作用を防ぐためには石綿曝露作業を行う建築作業従事者は必ず防じんマスクを使用する必要があることを被表示者において具体的に理解可能な内容とすることを通達等によって具体的に示さなければならなかったというべきである。

（3）製造禁止措置

　被告国が、平成15年改正安全衛生施行令による製造等禁止措置を講じた時点、又は、平成18年改正安全衛生施行令による製造等禁止措置を講じた時点においても、石綿（クロシドライト及びアモサイトを除く）は適切に管理して使用することが可能であるとの知見が国際的にも通用しており、石綿含有建材の製造等禁止措置を講ずべきであるとの考え方が国際的に主流になっていたということはできない。

　以上によれば、被告国が、平成15年、平成18年改正安全衛生法施行令による製造禁止措置を講じた時点より前に、石綿含有建材の製造等禁止措置を講じなかったことは、許容される限度を逸脱して著しく合理性を欠くとは認められない。従って、石綿含有建材の製造等の禁止措置に関する被告国による労働関

係法令の規制権限の不行使は、国家賠償法1条1項の適用上違法とはならない。

2 建築関係法令に基づく規制権限不行使の違法性

　建築基準法90条は、建築工事が内包する建築現場周辺の住民その他の一般の人々に対する危害を防止するための規定であって、同条に基づく規制措置には、建築作業従事者に固有の労働災害を防止するための措置は含まれないと解するのが相当である。従って、被告国が、同条及び同法施行令に基づき、建築現場における石綿曝露防止策に関する規制措置を講じなかったことは、建築関係法令に基づく規制権限の行使として許容される限度を逸脱して著しく合理性を欠くとまでは認められない。

第2　被告企業の責任

1 民法719条1項前段の共同不法行為の成否について

　民法719条1項前段は、複数人による個々の加害行為と被害者の被った損害の全部との間に、それぞれ独自に相当因果関係がある場合に（加害行為と損害との間に事実的因果関係があり、かつ、当該損害が不法行為に基づく損害賠償の範囲に含まれる場合）において、当該複数人による個々の加害行為が同項前段にいう共同の不法行為に該当するとき（いわゆる客観的関連共同性が認められるとき）は、当該複数人による個々の加害行為が単純に競合した場合にすぎないときとは異なり、当該複数人による個々の加害行為の当該損害に対する寄与の割合に応じた減責の抗弁を許さず、当該複数人に対して当該損害の全部を連帯して賠償する責任を負わせる趣旨の規定である。

　本件において、被告企業らの民法719条1項前段に基づく共同不法行為責任が肯定されるためには、被告企業らの各人が適切な警告表示をすることなく石綿含有建材を製造し又は販売した加害行為と、本件被災者らの各人が被った石綿関連疾患の発症による損害の全部との間に、それぞれ独自に相当因果関係があることを要する。従って、被告企業らの各人が製造し又は販売した石綿含有建材がそれぞれ本件被災者らの各人の下に到達し、当該建材に由来する石綿粉じんに曝露することによって本件被災者ら各人がそれぞれ石綿関連疾患を発症

した事実が認められなければならない。しかし、その事実は認めることはできないから、その余の点について検討するまでもなく、被告企業らに同項前段に基づく共同不法行為責任があるということはできない。

2 民法719条1項後段に基づく共同不法行為の成否について

　共同不法行為の責任について定める民法719条1項後段の規定は、複数人による個々の加害行為のうちのいずれかの者による行為（一人による行為である必要はない。）と被害者の被った損害の全部との間に相当因果関係があり、かつ、当該複数人以外の者による加害行為はないか、又は複数人以外の者による加害行為と当該損害との間に相当因果関係があるのかが不明であるときは、当該複数人による個々の加害行為と当該損害との間にそれぞれ独自に相当因果関係があるものと推定し、当該複数人がそれぞれ自身による加害行為と当該損害との間には相当因果関係がないことを立証しない限り、当該複数人に対して当該損害の全部を連帯して賠償する責任を負わせる趣旨の規定であると解するのが相当である。

　そうすると、本件において、被告企業らの民法719条1項後段に基づく共同不法行為責任が肯定されるためには、被告企業らのうちのいずれかの者が適切な警告表示をすることなく石綿含有建材を製造し又は販売した加害行為と本件被災者らの各人が被った石綿関連疾患の発症による損害の全部との間に相当因果関係があること、及び、被告企業ら以外の者が適切な警告表示をすることなく石綿含有建材を製造し又は販売した加害行為と本件被災者らの各人が被った石綿関連疾患の発症による損害との間には相当因果関係がないことを要する。従って、被告企業らのうちのいずれかの者が製造し又は販売した石綿含有建材が本件被災者らの各人の下に到達し、当該建材に由来する石綿粉じんに曝露することによって本件被災者ら各人がそれぞれ石綿関連疾患を発症した事実、及び被告企業ら以外の者が製造し又は販売した石綿含有建材が本件被災者らの各人の下に到達して当該建材に由来する石綿粉じんに曝露することによって本件被災者ら各人がそれぞれ石綿関連疾患を発症したことはないとの事実が認められなければならない。しかし、それらの事実はいずれも認めることができないから、その余の点を検討するまでもなく、被告企業らに同項後段に基づく共同不法行為責任があるということはできない。

ポイント

原告：被災者及び遺族33名
被告：国、企業（建材メーカー）41社
（医学的知見）
- 石綿肺は昭和31年、32年の労働衛生試験研究の結果公表時期
- 肺がん、中皮腫は昭和48年頃

（被告国の責任）
- 労働関係法令に基づく規制権限の不行使違法
  昭和54年以降、防じんマスクに対する規制措置として防じんマスクを使用させる義務、警告表示、現場掲示に関する規制措置として、人体に及ぼす影響の表示（石綿含有建材に由来する石綿粉じんが肺がんや中皮腫等の重篤な疾病を引き起こし得るものであること等）、取扱い上の注意表示（人体に及ぼす作用を防ぐためには石綿曝露作業を行う建築作業従事者は必ず防じんマスクを使用する必要がある）を具体的に示す義務があった
- 石綿製造の禁止の規制権限の不行使　違法ではない
- 一人親方、零細事業者　保護されず
- 建築基準法90条に基づく規制権限の不行使　違法ではない

（被告企業の責任）
- 民法719条1項前段適用せず
- 民法719条1項後段適用せず
- 民法719条1項後段の類推適用は認めず
- 製造物責任法3条責任無し

（賠償額）
- 基準賠償額：
①石綿肺、肺がん、中皮腫によって死亡した者 3,000万円
②管理区分4に該当する石綿肺、肺がん者 2,700万円
③管理区分3に該当する石綿肺及び合併症の罹患者 2,400万円
- 国の責任は3分の1
- 肺がん患者は喫煙歴を考慮して1割減

第3編

全国建設アスベスト判決論点一覧表 簡略版

アスベスト事件判決	神奈川一陣1審 (横浜地裁平成24年5月25日判決)	東京一陣1審 (東京地裁平成24年12月5日判決)	九州一陣1審 (福岡地裁平成26年11月7日判決)	大阪一陣1審 (大阪平成28年1月22日判決)
I 医学的知見の時期				
石綿肺	昭和34年頃 労働省による労働衛生試験研究	昭和33年頃 労働省による労働衛生試験研究	昭和33年3月頃 労働省による労働衛生試験研究の公表	昭和33年3月31日頃 労働省による労働衛生試験研究
肺がん 中皮腫	昭和47年頃 IARC(国際がん研究機関)の報告・論文の発表	昭和47年頃 IARC(国際がん研究機関)の報告・論文の発表	昭和47年頃 IARC(国際がん研究機関)の報告書	中皮腫のみ 昭和47年 IARC(国際がん研究機関)の報告・論文の発表
びまん性胸膜肥厚 良性石綿胸水				びまん性胸膜肥厚のみ 昭和47年頃
II 国の規制権限の不行使				
1、労働安全衛生関係	認めず ・製品への石綿の有害性等の表示 責任無し ・定期的粉じん濃度測定 責任無し ・石綿吹付けの禁止 責任無し ・建築現場における警告表示 責任無し	認める ・遅くとも昭和56年1月までには、呼吸用保護具の着用を罰則付で義務付けるべきであった	認める ・建材メーカーに対する建材、作業現場における警告表示の義務付けの不行使、事業者に労働者に対する呼吸用保護具の使用を義務付け、それを前提にして義務に違反した場合には罰則が適用されるよう規制権限を行使すべき	認める ・防じんマスクの使用規制措置 昭和50年10月1日以降 責任あり ・石綿の有害性の警告表示 昭和50年10月1日以降 責任あり

276

第３編　全国建設アスベスト判決論点一覧表 簡略版

・集じん機付電動工具の使用　責任無し ・プレカット工法　責任無し ・局所排気装置の使用　責任無し ・エアラインマスクの使用　責任無し ・特別教育　責任無し				
2、建築基準法令 建設大臣は、建築基準法２条７号～９号までの、耐火建造物等の指定権限	認めず	認めず 建築基準法に基づく石綿含有建材の製造禁止義務	認めず	認めず
建築基準法90条1項、2項 1項…工作物の倒壊等による危害を防止するための必要な措置を講じる 2項…措置の技術的基準は政令で定める	認めず	認めず	認めず	認めず
3、劇毒法による規制	責任無し	主張無し	責任無し	主張無し
4、石綿の製造等の禁止	責任無し	責任無し	責任無し	責任無し
Ⅲ　一人親方への保護	保護の対象外 責任無し	責任無し	責任無し	責任無し

IV 企業の責任

1、警告表示 製品への石綿の有害性等への表示	言及せず	警告義務違反あり (容器・包装にアスベストの危険を表示すべき義務違反)	言及せず	言及せず
2、共同不法行為				
(1) 719条1項前段	認めず	認めず	認めず	認めず
(2) 719条1項後段	認めず	認めず	認めず	認めず
(3) 719条1項後段の類推適用(個別企業の責任)	言及せず	主張無し	認めず	認めず
3、製造物責任法3条	認めず	認めず	認めず	認めず
V 賠償基準額		・管理区分2・合併症あり…1,300万円 ・管理区分3・合併症あり…1,800万円 ・管理区分4・肺がん・びまん性胸膜肥厚…2,200万円 ・石綿関連疾患で死亡…2,500万円	・管理区分2・合併症…1,300万円 ・管理区分3・合併症…1,800万円 ・肺がん・中皮腫・管理区分4…2,200万円 ・石綿関連疾患による死亡…2,500万円	・石綿肺(管理区分2)合併症…1,500万円 ・肺がん・中皮腫・びまん性胸膜肥厚…2,400万円 ・中皮腫により死亡した者…2,700万円
国 責任	国の責任は無し	総額 約10億6,400万円 国の責任は3分の1	国の責任は3分の1	国の責任は3分の1
その他		肺がん患者につき、喫煙歴のある者は過失相殺で損害額の1割減額	肺がんの場合は、喫煙歴のある者は過失相殺で損害額の1割減額	

278

第3編　全国建設アスベスト判決論点一覧表 簡略版

アスベスト事件判決	京都一陣1審（京都平成28年1月29日判決）	北海道（札幌平成29年2月14日判決）	神奈川二陣1審（横浜地裁平成29年10月24日判決）	神奈川一陣控訴審（東京高裁平成29年10月27日判決）
I 医学的知見の時期				
石綿肺	昭和33年3月31日 労働省による昭和32年度研究成果報告が発表された時期	昭和31年、32年頃 労働省による労働衛生試験研究	昭和33年3月31日頃 労働省による労働衛生試験研究所試験研究の公表	昭和33年3月頃 労働省による労働衛生試験研究所試験研究の公表
肺がん 中皮腫	肺がん 昭和46年頃 中皮腫 昭和47年頃	昭和48年頃 IARC（国際がん研究機関）の報告・論文の発表	昭和47年頃 IARC（国際がん研究機関）の報告・論文の発表	昭和47年頃 IARC（国際がん研究機関）の報告書
びまん性胸膜肥厚 良性石綿胸水	びまん性胸膜肥厚 昭和47年以降		昭和47年頃 環境庁研究報告	
II 国の規制権限の不行使				
1、労働安全衛生関係	認める ・石綿吹付け作業者に送気マスクの着用を義務付け、石綿吹付け材への警告表示、吹付け工事を行う建設作業現場における警告表示の義務付け、建設屋内での石綿切断作業を行う場合の防じんマスクの着用・集じん器付電動工具の使用の義務付けと警告表示、屋外での石綿切断作業を行う場合の集じん機付電動工具の使用の義務付け	認める ・昭和56年1月以降、防じんマスクの規制措置として、建築作業に従事する者を雇用する事業者に対し罰則を伴う法令上の義務として建築屋内での石綿切断作業を行う場合の防じんマスクを使用させる義務を課し、警告表示及び現場掲示に関する規制措置として、人体に及ぼす影響を理解可能な内容	認める ・昭和51年1月1日から平成7年3月31日まで、罰則を伴う形式で呼吸用保護具の使用を義務付けるべきであった。 ・昭和51年1月1日から平成18年8月31日までの間、石綿含有建材の外装等への警告表示及び建築作業現場における石綿取扱い上の注意の掲示の義務を定めるべきであった。	認める ・遅くとも昭和56年1月1日の時点で呼吸用保護具の着用を罰則をもって義務付けること ・石綿粉じん曝露の危険性・防じんマスク使用しての石綿含有建材についての表示の必要性に関し建築現場における有建材及び掲示内容・安全教

279

	具の義務付けと警告表示	容とし、防じんマスクを必ず使用する必要があること を理解可能な内容とすること を通達等によって具体的に示すべき（平成16年10月1日以降は解消）	若内容を改めなかったこと。（平成7年4月1日以降は解消）
2、建築基準法令 建設大臣は、建築基準法2条7号～9号までの、耐火建造物等の指定権限の不行使	認めず		
建築基準法 90条1項、2項 1項…工作物の倒壊等による危害を防止するための必要な措置を講じる 2項…措置の技術的基準は政令で定める	認めず	認めず	認めず
3、劇毒法による規制	主張無し	主張無し	主張無し
4、石綿の製造等の禁止	責任無し	責任無し	責任無し
Ⅲ 一人親方への保護	保護の対象 責任あり	責任無し	責任無し

第 3 編　全国建設アスベスト判決論点一覧表 簡略版

IV 企業の責任					
1，警告表示 製品への石綿の有害性等への表示	警告表示義務違反あり ・吹付け工事。昭和47年1月1日から ・石綿吹付材、石綿含有保存剤、対火被覆材、断熱材、内装材、床材、混和剤。昭和49年1月1日から ・屋外での石綿切断作業について使用される石綿含有建材（屋根材、外壁材、煙突材）平成14年1月1日から販売終了まで	言及せず	警告義務違反あり	警告義務違反あり
2，防じんマスクの着用しない場合の石綿関連疾患への罹患の注意				
3，共同不法行為				
（1）719条1項前段	認めず	認めず	認めず	認めず
（2）719条1項後段	認めず	認めず	認めず	認めず
（3）719条1項後段の類推適用（個別企業の責任）	認める 概ね10％以上のシェアを有する建材メーカー9社に責任あり	認めず	一部認める	一部認める
4，製造物責任法3条	言及せず	責任無し	判断せず	判断せず

	東京一陣控訴審		京都一陣控訴審	大阪一陣控訴審
V 賠償基準額	・管理区分2・合併症…1,300万円 ・管理区分3・合併症…1,800万円 ・肺がん・中皮腫・びまん性胸膜肥厚管理区分4…2,300万円 ・肺がん・中皮腫・びまん性胸膜肥厚で死亡した場合…2,600万円	・石綿肺管理区分3…2,400万 ・石綿肺管理区分4・肺がん…2,700万円 ・石綿肺・肺がん・中皮腫により死亡した者…3,000万円	・良性石綿胸水…1,200万円 ・石綿肺管理2・合併症…1,800万円 ・石綿肺管理3・合併症…2,100万円 ・肺がん・中皮腫・びまん性胸膜肥厚…2,400万円 ・石綿関連疾患で死亡…2,700万円	・管理区分2・合併症…1,300万円 ・管理区分3・合併症…1,800万円 ・肺がん・中皮腫・びまん性胸膜肥厚管理区分4…2,200万円 ・石綿関連疾患による死亡…2,500万円
国の責任	国の責任は3分の1		国の責任は3分の1	国の責任は3分の1
その他	肺がんは喫煙歴考慮1割減		肺がんは喫煙歴考慮1割減	肺がんは喫煙歴考慮

アスベスト事件判決	東京一陣控訴審 (東京高裁平成30年3月14日判決)	京都一陣控訴審 (大阪高裁平成30年8月31日判決)	大阪一陣控訴審 (大阪高裁平成30年9月20日判決)
I 医学的知見の時期			
石綿肺	昭和33年3月頃 労働省による昭和32年度研究成果報告が発表された時期	昭和33年3月31日頃 労働省による労働衛生研究	昭和33年3月頃 労働省による労働衛生試験研究の公表
肺がん 中皮腫	昭和47年頃 IARC（国際がん研究機関）報告と労働省労働衛生研究所の国内紹介	肺がんは昭和46年頃 中皮腫は昭和47年頃	昭和47年頃 IARC（国際がん研究機関）の報告書

第3編　全国建設アスベスト判決論点一覧表 簡略版

		昭和47年 IARC（国際がん研究機構）報告の労働省労働衛生研究所の国内紹介	びまん性胸膜肥厚 昭和47年以降	びまん性胸膜肥厚 昭和47年以降
びまん性胸膜肥厚 良性石綿胸水				
Ⅱ　国の規制権限の不行使				
1、労働安全衛生関係		認める ・遅くとも昭和50年10月1日以降、建設屋内で石綿粉じん曝露作業に従事する労働者に対する関係で、防じんマスクの使用について、直接的かつ明確な規定を以て義務付けたり、建設現場における警告表示として石綿含有量が5％以下のものも含めて、石綿関連疾患の具体的内容症状等に関するマスク着用に関する記載を義務付けたり、また、建材メーカー等に対し、石綿含有量5％以下のものも含めて、石綿関連疾患の具体的内容及び症状、並びに防じんマスク着用の必要性について通達で具体化して表示するよう指導したりすべきであった（石綿含有量1％超の製品等の製造が禁止された平成16年10月1日まで）	認める ・昭和51年1月1日から平成7年3月31日まで、罰則を伴う形式で呼吸用保護具の使用義務付けるべきであった。昭和51年1月1日から平成18年8月31日までの間、石綿含有建材の外装、包装等への警告表示及び建築作業現場における石綿取扱いの掲示を定めるべきであったこと	認める ・防じんマスクの着用、建築現場における警告表示（作業現場掲示、石綿含有建材への警告表示）につき、昭和50年10月1日から平成18年9月1日まで
2、建築基準法令　建設大臣は、建築基準法2条7号～9号までの、耐火建造物等の指定権限		認めず	認めず	認めず

283

建築基準法 90 条 1 項、2 項 1 項…工作物の倒壊等による危害を防止するための必要な措置を講じる 2 項…措置の技術的基準は政令で定める	認めず	認めず	認めず
3、劇毒法による規制	主張無し	主張無し	主張無し
4、石綿の製造等の禁止	責任無し	責任無し	責任あり ・平成 3 年末には、石綿含有建材の製造等を禁止する規制権限を行使しなかったことは違法
Ⅲ 一人親方への保護	責任あり	保護の対象 責任あり	保護の対象 責任あり
Ⅳ 企業の責任			
1、警告表示 製品への石綿の有害性等への表示	警告義務違反あり ・建材自体、包装等に印刷・貼付等によるべき	警告義務違反あり ・建材自体、包装等に印刷・貼付等によるべき	警告義務違反あり ・昭和 50 年 1 月 1 日には、石綿含有建材についての警告表示、防じんマスク・集じん器付工具などの対策につき、警告表示すべき
2、共同不法行為			
(1) 719 条 1 項前段	認めず	認めず	認めず
(2) 719 条 1 項後段	認めず	認めず	認めず

第3編　全国建設アスベスト判決論点一覧表 簡略版

(3) 719条1項後段の類推適用（個別企業の責任）	認めず	認める・シェアが20％以上の建材メーカーについて一部認める	一部認める・マーケットシェア10％の企業について一部認める。被災者の曝露期間とメーカーの責任原因期間、主要原因企業以外のメーカーの寄与を考慮した範囲で、連帯して責任を負う。
3．製造物責任法3条	責任無し	判断せず	判断せず　検討の必要なし
Ⅴ 賠償基準額	・管理区分2・合併症…1,300万円 ・管理区分3・合併症…1,800万円 ・肺がん・中皮腫・びまん性胸膜肥厚・良性石綿胸水・管理区分4…2,200万円 ・石綿関連疾患により死亡した者…2,500万円	・肺がん・中皮腫・びまん性胸膜肥厚…2,300万円 ・肺がん・中皮腫・びまん性胸膜肥厚で死亡した場合…2,600万円	・管理区分2・合併症…1,500万円 ・肺がん・中皮腫・びまん性胸膜肥厚…2,400万円 ・石綿肺（じん肺管理区分4）、肺がん・中皮腫による死亡…2,700万円 ・じん肺管理区分2でも石綿肺が死亡との因果関係ある場合…2,700万円
国の責任	国の責任は3分の1	国の責任は3分の1	国の責任は2分の1
その他	肺がんは喫煙歴考慮、1割減	肺がんは喫煙歴考慮し、1割減	石綿粉じん曝露期間が短期間の被災者につき、基準額から10％減額

285

おわりに

　石綿（アスベスト）問題について一応の解説を試みたが、医学的な知識は乏しいので、真の意味の解説はできていないと思う。

　ただ、現実の訴訟ではどのようなことが問題になり、原告、被告がどのような主張をし、裁判所がどのような判断を下してきたのかについて一応の理解はできる内容になっているものと自負している。

　私は、以前から、じん肺訴訟（石炭じん肺、トンネルじん肺）で被告企業側の代理人として長く関わってきたが、じん肺訴訟は、古くは金属鉱山、その後は炭鉱、トンネル現場の問題であって、市民の日常生活の場の中心ではなく、生活の場面に強くは関わってこない次元の問題であった。じん肺問題についても過去に書物にしたいという希望はもっていたが特殊な問題であり、市民は全く関心がないということで実現しなかった。

　しかし、石綿（アスベスト）は、これまで日常生活の各場面で使用されてきており、公共の建築物でも現存しているものもあると思われる。今後は建物の解体作業により粉じんが発生し、一般市民が曝露され得る状況が予想されており、じん肺よりも遙かに危険性のある事態が生じ得るのであって、市民にとってはより関心を持ってもらわなければならない重大問題といえる。

　にもかかわらず、石綿（アスベスト）問題が、石綿肺、肺がん、中皮腫等の症状の発生した人達のみの関心事となってしまっていることに危惧感を懐いている。

　建物の解体工事が続く以上は、今後も訴訟は続くのであろうが、訴訟のみに埋没せずに、市民の重大な健康問題として関心を持ち続けてもらわなくてはならないと感じるとともに、私も微力ながら、そのための情報提供を行っていきたいと考えている。

以上

〔略　　歴〕
外井　浩志（とい　ひろし）
　　　昭和30年　6月9日生

　　　昭和56年　3月　東京大学法学部公法学科　卒業
　　　昭和57年　4月　東京労働基準局大田労働基準監督署に
　　　　　　　　　　　労働基準監督官として勤務
　　　昭和57年10月　司法試験合格
　　　昭和58年　4月　司法研修所入所
　　　昭和60年　3月　同所　修了
　　　昭和60年　4月　安西法律事務所入所
　　　　　　　　　　　弁護士登録（第一東京弁護士会）
　　　平成14年　4月　安西・外井法律事務所に名称変更
　　　平成18年　3月　外井（ＴＯＩ）法律事務所開設　現在に至る
　　　　　　　　　　　外井法律事務所
　　　　　　　　　　　URL : http://toi-law.com/

〔他の職歴〕
・学校法人アテネフランセ評議員（平成24年〜）
・厚労省「経営課題と労務管理のワンストップ相談マニュアル」
　執筆委員（平成23年〜24年）
・（全基連）労働条件相談ダイヤル事業推進委員会検討委員会委員　（平成26年）
・（全基連）労働条件ポータブルサイトコンテンツ制作編集委員会委員
　（平成26年）
・人材コンプライアンス推進協議会理事長（平成25年〜）

〔主な著書〕
「就業規則の全てがわかる本」（総合法令）
「親しみやすい就業規則の作り方・読み方」（中央経済社）
「健康・安全・衛生と補償・賠償」（中央経済社）
「就業規則の知識」（日本経済社）
「新・労働法実務Ｑ＆Ａ　採用・退職・解雇・定年・懲戒」（生産性出版）
「事業再編雇用流動化の人事と労務」（中央経済社）
「労働法のしくみ」（日本実業出版社）
「労働者派遣法100問100答」（税務研究会）
「社員教育をめぐる法律問題Ｑ＆Ａ」（労働調査会）
「競業避止義務めぐるトラブル解決の手引き」（新日本法規）
「偽装請負」（労働調査会）
「図解でわかる労働法」（日本実業出版社）
「精神疾患をめぐる労務管理」（共著、新日本法規）
「判例労働法3」（共著、第一法規）外

アスベスト（石綿）裁判と
損害賠償の判例集成

2019年7月20日　初版発行

著　者　　外井浩志
　　　　　とい ひろし

発行人　　大西強司

編　集　　とりい書房

デザイン　野川育美

印　刷　　音羽印刷株式会社

発行元　　とりい書房 第一編集部
　　　　　〒164-0013　東京都中野区弥生町 2-13-9
　　　　　TEL 03-5351-5990　FAX 03-5351-5991

乱丁・落丁本等がありましたらお取り替えいたします。

© 2019年　Printed in Japan
ISBN978-4-86334-111-1